LES OISEAUX UTILES

ET

LES OISEAUX NUISIBLES

LE MERLE ET SON NID. (voir page 170).

LES OISEAUX UTILES

ET

LES OISEAUX NUISIBLES

AUX

CHAMPS — JARDINS — FORÊTS — PLANTATIONS — VIGNES

PAR

H. DE LA BLANCHÈRE

Ancien Élève de l'École forestière

CINQUIÈME ÉDITION

Orné de 150 Gravures

PARIS

J. ROTHSCHILD, ÉDITEUR

13, RUE DES SAINTS-PÈRES, 13

1889

Paris. — Typ. Ch. Unsinger, 83, rue du Bac.

PRÉFACE

Ce fut une assez grande témérité, lorsque parut ce petit livre, d'oser y adopter une classification nouvelle, assise non plus sur les différences matérielles des individus, mais sur les divergences de leurs mœurs. Sans doute, ce classement avait droit à la qualification de *populaire* que nous n'avions pas manqué de lui donner, parce qu'il n'était fait que dans un but particulier. Le succès peut faire penser qu'il a atteint ce but et a été compris par ceux-là même à qui nous l'adressions.

C'était donc un plan extra-scientifique que nous avions adopté, et voici comment nous l'avions annoncé dans la première édition :

« La classification populaire est basée sur les idées les plus vulgaires de la dissémination des oiseaux dans les milieux qu'ils préfèrent. Elle suffira parfaitement, nous l'espérons, pour le public de lecteurs *non savants* auquel nous voulons nous adresser. Ce qui importe à ces lecteurs, c'est trouver dans notre livre des considérations sur l'utilité de tel oiseau, c'est savoir l'endroit où l'animal peut exercer le plus utilement et plus souvent ses services, ou encore celui où l'on doit craindre ses ravages.

« Un de nos lecteurs, par exemple, désirant se rendre compte si le *pic vert* est aussi nuisible qu'on le lui a dit pour ses arbres, ira facilement le chercher parmi les *oiseaux des bois* et les *éplucheurs de troncs*. Il ne le trouverait jamais si je lui avais dit qu'il est du genre *gécine*, de la famille des *picidés* et du sous-ordre des *zygodactyles macroglosses!*.....

« A chacun selon ses moyens.

« Nous voulons être lu, et, pour cela, il faut être compréhensible.

« Nous croyons fermement que les savants feraient mieux de ne pas créer des noms aussi baroques, quoique néo-grecs, que ceux de tout à l'heure, parce que, malheureusement pour eux, le peuple, avec son bon sens, les repousse... et en rit !! »

Qu'on ne s'y trompe pas ; à nos yeux, le plus grand obstacle à la dissémination de la science utile parmi le public, c'est la barbarie de son langage. Ce qui est bon entre gens de métier pour se reconnaître et se comprendre, devient très-mauvais et indéchiffrable pour la masse du peuple. Il est donc grand temps que l'on cherche à faire de la science sans tous ces grands mots.

Nous avons essayé ; non autant que nous l'eussions voulu ! D'autres marcheront en avant à leur tour !

CLASSEMENT POPULAIRE

DES PRINCIPAUX OISEAUX DE FRANCE.

PREMIÈRE PARTIE.

OISEAUX DES BOIS.

CHAPITRE PREMIER. — HABITANTS DES GRANDS MASSIFS.

Vautour arrian.
— fauve.
— percnoptère.
Aigle commun.
— impérial.
— à queue barrée.
— botté.
Autour ordinaire.
Épervier.
Tiercelet.
Émouchet.
Chat-Huant ou hulotte.
Chouette teugmale.
Hibou commun.
— Grand-Duc.
Pinson d'Ardennes.
Pouillot fitis.
— véloce.
Pouillot siffleur.
— bonelli.
Roitelet huppé.
— à triple bandeau.
Mésange charbonnière.
— noire.
— bleue.
— huppée.
Gobe-Mouche à collier.
Coucou gris.
Grand corbeau.
Durbec.
Bec croisé ordinaire.
— perroquet.
Grand coq de bruyère.
Petit coq de bruyère.
Gélinotte.

CHAP. II. — HABITANTS DES LISIÈRES.

Circaëte Jean-le-Blanc.
Buse et archibuse.
Bondrée.
Babillarde ordinaire.
— orphée.
— subalpine.
— mélanocéphale.
Fauvette épervière.
Gobe-Mouche noir.
— gris.
Rollier d'Europe.
Huppe.
Geai.
Pie-Grièche.
Moineau friquet.
— soulcie.
Pigeon ramier.
— colombin.
— bizet.
Tourterelle.
Bécasse.
Faisan.

CHAP. III. — ÉPLUCHEURS DE TRONCS.

Pic noir.
— leuconote.
— mar.
— épeiche.
— épeichette.
— tridactyle.
— vert.
Pic cendré.
Torcol vulgaire.
Sittelle.
Grimpereau familier.
— brachydactyle.
Tichodrome ou grimpereau de muraille.

DEUXIÈME PARTIE.

OISEAUX DES CHAMPS.

CHAP. IV. — HABITANTS DES HAIES ET DES BUISSONS.

Linotte.
Merle commun.
— à collier.
Grive litorne.
Grive draine.
— mauvis.
Traîne-Buisson.
Pitchou provençal.

CHAP. V. — HOTES DES SILLONS ET DES PLAINES.

Milan.
Faucon commun.
— émérillon.
— cresserelle.
Venturon.
Bruant proyer.
Ortolan.
Alouette commune.
— calandrelle.
— calandre.
— lulu.
— cochevis.
Pivote ortolane.
Pipi richard.
Farlouse.
Cujelier.
Pipi spioncelle.
— obscur.
Bergeronnette printannière.
— jaune.
Lavandière.
Traquet motteux.
Traquet stapazin.
— oreillard.
Tarier.
— rupicole.
Babillarde grisette.
Locustelle tachetée.
Guêpier.
Corneille commune.
— mantelée.
Corbeau freux.
Chouca.
Chocard.
Coracias.
Pie.
Étourneau.
Pluvier guignard
Râle de genêt.
Caille.
Perdrix rouge.
Bartavelle.
Gambra.
Perdrix grise.

CHAP. VI. — CHASSEURS D'INSECTES AU VOL.

Hirondelle rustique.
— de fenêtre.
— de rivage.
— de rocher.
Martinet.
— des Alpes.
Engoulevent.

TROISIÈME PARTIE.

OISEAUX DES JARDINS.

CHAP. VII. — MANGEURS DE FRUITS.

Loriot.
Fauvette à tête noire.
— des jardins.
Mésange à longue queue
Geai.
Moineau domestique.
Moineau cisalpin.
— espagnol.
— friquet.
Bouvreuil.
Gros-Bec.
Sizerin.

CHAP. VIII. — VOLEURS DE GRAINS.

Verdier.
Pinson.
Chardonneret.

CHAP. IX — CHERCHEURS D'INSECTES.

Rouge-Gorge.
Rossignol.
Rouge-Queue.
— tithys.
Pétrocincle de roche.
— bleu.
Hypolaïs ictérine.

CHAP. X. — CHASSEURS DE NUIT.

Chevêche commune.
Surnie chevêchette.
Effraie.

QUATRIÈME PARTIE.

OISEAUX DES RIVIERES.

CHAP. XI. — OISEAUX DE MARAIS.

Bécassine.
Sizerin boréal.
Mésange nonnetta.
— remis.

CHAP. XII. — OISEAUX DES RIVAGES.

Verdier.
Tarin.
Bruant des roseaux.
Bergeronette printanière.
Hoche-Queue grise.
— boarule.
Cincle.
Gorge-Bleue.
Rousserolle turdoïde.
— effarvate.
Verderolle.
Lusciniole.
Bouscarle cetti.
Phragmite des joncs ou grasset.
— aquatique.
Troglodyte.
Martin-Pêcheur.
Corbeau.
Casse-Noix.
Pluvier doré.
Vanneau huppé.
Huitrier pie.
Tourne-Pierre.
Barge commune.
Chevalier gambette.
Poule d'eau.
Râle d'eau.
Grue cendrée.
Cigogne.
Héron.

CHAP. XIII. — OISEAUX DES GRANDES EAUX.

Pygargue.
Balbuzard fluviatile.
Aigle de mer.
Oie sauvage.
— rieuse.
Bernache cravant.
Cygne sauvage.
Canard souchet.
Canard sauvage.
— eider.
Grèbe.
Goëland à manteau noir ou goëland marin.
— à manteau bleu.
— cendré.
Mouette rieuse.

CINQUIÈME PARTIE.

OISEAUX DES VIGNES.

CHAP. XIV. — MANGEURS DE RAISINS.

Verdier.
Cini.
Linotte.
Farlouse.
Grive commune.
— mauvis.
— litorne.
Fauvette des jardins.
— à tête noire.
Passerinette babillarde.
Grisette.
Corbeau freux.
Moineau.

CHAP. XV. — MANGEURS D'INSECTES.

Farlouse.
Hypolaïs polyglotte.
Râle de genêt.
Perdrix.

GÉNÉRALITÉS

GÉNÉRALITÉS

On ne saurait nier que certaines vérités demandent à être dites sans cesse; que certains sujets ont besoin d'être traités sous toutes leurs faces, et que rien n'est plus difficile à faire entrer dans la compréhension des masses que quelques aphorismes que l'on prendrait, au premier abord, pour la chose du monde la plus simple à retenir.

Le *respect nécessaire des oiseaux* est de ce nombre.

Tout, dans le monde extérieur qui nous entoure, est soumis à une pondération naturelle, à un équilibre admirable, que l'homme ne peut détruire sans en devenir immédiatement la victime. Tout, dans la nature, est opposition de forces et jeu de contre-poids.

L'oiseau, ce merveilleux organisme, est le modérateur né de la multiplication exagérée des insectes.

« Tout travail, tout appel de l'homme à la nature, dit Michelet, suppose l'intelligence de l'ordre naturel. L'ordre est tel, et telle est sa loi. La vie a autour d'elle, en elle, son ennemi, le plus souvent son hôte, le parasite, qui la mine et la ronge.

« La vie inerte et sans défense; la végétale surtout, privée de locomotion, y succomberait sans l'appui supérieur de l'infatigable ennemi du parasite, âpre chasseur, vainqueur ailé des monstres. »

La terre deviendrait inhabitable si *un seul* insecte avait la puissance de s'y développer sans limite. « Et que ferait l'homme livré, sans défense, à cet insecte?... On frémit d'y penser ! »

L'*oiseau*, tel est l'auxiliaire de l'homme sur la terre.

L'oiseau sans lequel, lui, n'existerait plus depuis longtemps: l'oiseau qui peut vivre et prospérer sans l'homme, dont lui, — infirme quoique raisonnant, — ne peut se passer !

Et cependant, que fait-il chaque jour, cet homme qui, raisonnant, devrait être raisonnable?...

Il détruit, ou, par une coupable et imprudente apathie, laisse détruire ce bienfaisant auxiliaire auquel il doit tout, sa vie et celle de ses enfants ! O erreur ! ô abrutissement !

Rares, dans nos climats, pendant la dure saison, le plus grand nombre des oiseaux n'y vivent pas sédentaires et se dirigent, à l'automne, vers les contrées plus favorisées du soleil, où ils pourront retrouver une nourriture assez abondante ou recommencer à élever une nouvelle famille. Admirable fécondité qui ne se lasse jamais... pas plus, au reste, que la prodigieuse évolution des germes qu'elle est appelée à contre-balancer. Mais, au premier printemps, lorsque le soleil fait éclore à la fois les insectes et germer les plantes, nos amis ailés reviennent en volées nombreuses, âpres à la curée comme toujours, et prêts au combat.

Ils s'éparpillent dès lors dans les champs, parmi les vergers, les bosquets, les forêts, travaillant sans hâte mais aussi sans relâche, à purger la terre et l'air de tous les insectes qui, sans leur aide bienfaisante, auraient bientôt anéanti le fruit de nos labeurs.

O homme! combien tu es faible, petit et desarmé en face de semblables puissances!

Lui seul, l'*oiseau*, — souviens-t'en! — peut poursuivre l'insecte dans l'air ou sous la feuille; lui seul peut sonder l'écorce, et, par un admirable instinct, y découvrir l'ennemi que tes sens obtus laissent inconnu pour toi; lui seul le saisira au fond du calice de la fleur, là où ta maladresse n'irait jamais le chercher. Il faut son aile, son bec aigu ou puissant, sa serre robuste ou mignonne, son œil perçant, son odorat subtil, ses sens dont nous ignorons encore l'organe, pour nous délivrer de la plaie permanente qui ronge notre agriculture, de ces parasites naissant par myriades autour de nous et marchant d'un pas assuré à la conquête de l'homme désarmé en face d'eux.

Sans l'oiseau, — avouons-le en confondant notre orgueil, — nous serions depuis longtemps rentrés dans le néant.

Hélas ! nous perçons les montagnes, nous joignons les mers, notre parole vole sur un fil par le monde, dont elle fait le tour en une fraction de seconde... et nous ne *pouvons* pas détruire la fourmilière voisine qui envahit nos demeures ! Nous transportons nos denrées à l'extrémité de l'univers et, si l'insecte le veut, demain nous mourrons de faim à côté de nos sillons dévastés !

L'oiseau est donc un être de première importance dans le monde, et, à chaque instant, son nom revient dans nos discours. Malheureusement, s'il nous est impossible de ne pas signaler, en passant, la quantité de comparaisons, d'aphorismes et de dictons dans lesquels les oiseaux entrent comme l'un des termes, hélas, nous sommes en même temps obligés de faire remarquer que sur dix, parmi ces comparaisons, neuf sont fausses !

Stupide comme un dindon, lourd comme une buse, bête comme un serin ou une oie; gauche comme une grue, sot comme une bécasse..., la moitié de cela est faux ! Ni le serin, ni l'oie surtout ne sont bêtes, tant s'en faut! Selon nos rhétoriciens, le hibou serait mélancolique. Lafontaine n'a-t-il pas dit quelque part:

Triste oiseau, le hibou...?

Le héron triste, — Michelet lui-même le dépeint ainsi dans son magnifique langage. — La pie est curieuse et bavarde, — ceci est vrai. L'aigle est magnanime, le vautour cruel... Tout cela est faux, absurde; ni l'aigle ni le vautour ne sont autre chose que des organismes créés en vue d'une adaptation naturelle à remplir : l'un transformera la chair vivante, l'autre la chair morte, et tous deux s'opposeront à la multiplication indéfinie des organismes herbivores et à l'influence pestilentielle des miasmes; mais de cruauté, il n'en existe pas plus dans l'acte du rapace qui déchire la proie qu'il ne peut dévorer d'une seule fois, que dans l'action du moineau qui dépèce, à grands coups de becs, la prune qu'il ne peut avaler entière. L'action est identique, le but semblable.

Quant à croire que la gent emplumée manque d'esprit, mille preuves viendraient facilement sous notre plume si nous le voulions. Bête n'est point l'animal qui sait faire un nid. La plupart des oiseaux sont, à cette besogne, d'une habileté merveilleuse; prouvant presque toujours qu'ils y mettent de la réflexion et du jugement, puisqu'ils savent modifier les circonstances de cette construction selon les obstacles ou les facilités qu'ils rencontrent.

D'ailleurs, n'est-il pas temps de signaler ce fait, — un peu humiliant pour notre amour-propre, — que le cerveau des fringilles, ces petits oiseaux que nous appelons *têtes de linottes*, est plus considérable, toute proportion gardée, que celui de l'homme! Or, ici comme partout, nous pouvons constater cet autre fait, — mettant en dehors les comparaisons avec l'homme, ce qui pourrait nous faire taxer de matérialisme et nous entraîner un peu loin, — que, *parmi les animaux*, ceux qui possèdent les cerveaux les plus volumineux offrent la preuve de la plus grande somme d'intelligence. Maintenant, rien ne nous étonnera que le cerveau de l'autruche ne soit guère plus considérable que celui du coq, et nous comprendrons comment cet énorme animal sait si peu se défendre qu'il passe pour à moitié stupide.

Je vois la cause des comparaisons si usitées et dont nous parlions tout à l'heure, dans le fait de la grâce, de la gentillesse, de l'intelligence bien plus manifeste chez l'oiseau que chez presque tous nos autres compagnons sur la terre. D'où est résulté que nous les avons plus facilement considérés et acceptés à notre hauteur comme de la famille, les jugeant alors, — à notre insu, — à notre aune, et les inspirant de nos idées, de nos raisonnements et de nos passions! C'est parce qu'ils sont trop près de nous, que nous les avons vus hommes!

D'un autre côté, l'aile sera toujours pour nous un objet d'envie et de secrets désirs; non que je pense qu'un jour nous ne nous ouvrirons pas le chemin des airs; au contraire, ma foi est entière dans l'avenir, et j'aime à me figurer l'admirable position de l'humanité, quand l'espace appartiendra enfin à l'homme. Ce n'est point ici le lieu d'exposer, même succinctement, les conséquences de ce fait que je vois poindre prochainement du choc des connaissances nouvelles en physiologie, en chimie et en mécanique; mais il nous est permis d'en attendre une ère nécessaire de fraternité, de travail, de progrès et, par conséquent, de bien-être moral et matériel pour nos enfants ou nos arrière-neveux.

A nous l'aile! ce sera le couronnement des travaux de l'humanité.

Des ailes pour planer sur la mer
Dans la pourpre du matin.

Revenons à nos oiseaux.

Sans doute, certaines distinctions doivent être établies. Tous ces animaux ne sont pas également utiles : quelques-uns même, — si nous envisageons les travaux de l'agriculteur et de l'horticulteur, —

sont nuisibles; mais ils forment, sans contredit, le plus petit nombre, et encore n'en connaissons-nous pas bien le dénombrement.

C'est pour aider à cette reconnaissance que nous croyons utiles les livres dans le genre de celui que nous écrivons ici.

— Il a déjà été fait!... s'écrieront quelques esprits chagrins.

— Non: il ne l'a point encore été. Il ne l'a point été dans le sens où nous le comprenons nous-même, car chacun imprime à son œuvre son cachet particulier: l'un parle pour les savants, et l'autre pour les simples d'esprit et de science. L'un s'adresse aux Académies, et l'autre au Public.

Non, il n'a point encore été fait.

Il ne l'a pas encore été parce que les autres sont d'hier, et que celui-ci est d'aujourd'hui; parce que chaque jour apporte sa pierre à l'édifice, son brin d'herbe au faix; parce qu'il y aura, longtemps encore, des vérités *qu'il faudra dire et redire sans cesse,* pour les faire pénétrer dans l'intelligence des masses!

La très-grande majorité des oiseaux, — sinon la totalité, à notre avis, — mêle l'élément azoté, l'animal, au régime granivore ou frugivore. Tous ont besoin de faire absorber à leurs petits, dès le bas-âge, une matière plus nourrissante, sous un faible volume, que les matières de la végétation. Donc tous les oiseaux, sans exception, sont *utiles*, non au point de vue, bien entendu, des cultures humaines.

Au point de vue humain, trois classes se dessinent : les *amis*, les *indifférents* et les *ennemis*.

Nous y reviendrons.

Pour le moment, examinons rapidement où les oiseaux peuvent se procurer l'élément azoté dont ils ont besoin.

En grande partie, chez les animaux inférieurs qui vivent à leur portée : insectes, larves, vers, mollusques, qui, par leur multiplication extraordinaire, menacent sans cesse la végétation et lui causent des ravages incalculables.

Rien n'est plus facile que de juger l'étendue de ces ravages, et les exemples, malheureusement, ne manquent pas. La *cécidomyie*, — une petite mouche presque imperceptible, — a causé, dans les champs de blé d'un seul de nos départements de l'Est, une perte de quatre millions de francs. En 1855, la *moitié* de la récolte a été détruite dans certaines circonscriptions.

A cet exemple de ravages sur le blé, ajoutons quelques faits relatifs à la vigne. En dix ans, de 1828 à 1838, on évalue, — dans dix communes du Mâconnais et du Beaujolais, contenant trois mille hectares de vignes, — les ravages de la *Pyrale* à *trente-quatre millions et demi de francs!* Et ces chiffres ont toute l'authenticité possible, puisque nous les relevons sur des bases fournies par les contributions indirectes ! En 1837, aux Thorins, propriété rapportant *cinq mille* hectolitres de vin, on en a récolté *vingt-deux ! !*

Et aujourd'hui que nous luttons si péniblement contre les ravages du Phylloxera qui menace d'anéantir la vigne en France, qu'est-ce qui paralyse nos efforts? — C'est que nous n'avons pas l'oiseau pour auxiliaire! Ce puceron microscopique qui nous fait perdre des millions par jour, est, par sa vie souterraine, à l'abri de l'oiseau, et dans sa courte apparition à la lumière, se montre une proie si petite, si invisible, qu'elle passe inaperçue et probablement dédaignée.

Un seul auxiliaire nous sauvera, — si nous pouvons être sauvés, — ce sera l'*insecte*, cette puissance terrible et grandiose, qui, elle, se glisse partout. L'insecte ira chercher l'insecte et le tuera dans ses retraites les plus profondes! Seul il peut y parvenir!

Est-il besoin de rapporter quelques faits forestiers à l'appui de nos précédentes conclusions? Nous ne croyons pas. Cependant l'étendue des ravages causés s'apprécie mieux par des chiffres que par tous les raisonnements du monde.

On voulut, en Prusse, il y a quelques années,

arrêter les ravages d'un papillon nocturne, très-nuisible aux arbres résineux, et l'on décida de faire ramasser ses œufs. En un jour, dans un seul cantonnement, on en rapporta quatre boisseaux, c'est-à-dire 180 millions. Dans un autre cantonnement de la Silésie, en neuf semaines, on en ramassa 117 kilogrammes, représentant au moins 250 millions d'œufs.

Quelle végétation peut résister à une semblable légion d'ennemis se reproduisant à leur tour sans trêve ni merci? Dans ce même pays encore, vers 1837, les chenilles d'un autre papillon de nuit dépouillèrent de leurs feuilles tous les sapins couvrant 800 arpents, et le gouvernement dut dépenser plus de 1000 thalers (3,750 francs) pour détruire 94 millions de ces ravageurs intraitables. Une autre fois, 650 millions d'œufs de ces mêmes papillons coûtèrent 3,200 thalers (12,000 francs), ce qui représentait plus de 500 kilogrammes de semence.

Un mot pour les graines diverses à présent : M. Focillon, examinant 20 siliques de colza prises au hasard près de Versailles, trouva que sur 504 graines, 296 seulement étaient saines; les autres avaient été dévorées ou piquées par les insectes, de sorte que la récolte, au lieu de donner 4,500 francs, en a produit 2,700.

On disait autrefois : — Ah! si le roi le savait!

Ne pourrait-on pas s'écrier dans la plupart des cas : — Ah ! si l'oiseau eût été là !

Par sa grande mobilité, la vitesse de ses mouvements, la prestesse de son attaque, l'acuité de sa vue, lui seul peut poursuivre l'insecte jusque dans ses retraites les plus cachées. Mais ce n'est pas tout. Organisé en vue de cette fonction d'équilibre, l'oiseau est doué d'un appétit insatiable, d'une puissance incroyable de digestion. Tout feu intérieur, il brûle ses aliments et peut consommer journellement une quantité d'insectes vraiment prodigieuse. Tout lui est bon d'ailleurs : œufs, larves, nymphes, insectes parfaits.

M. Fl. Prévost, professeur au Muséum, a voulu, par des expériences directes, mettre un terme aux discussions oiseuses qui s'élevaient et duraient depuis si longtemps, sans solution possible, sur l'utilité ou la nuisance de telle ou telle espèce. Par une suite d'études qui lui ont demandé trente années, cet infatigable chercheur est parvenu, en examinant les débris contenus dans l'estomac de ces animaux au moment où il les tuait, à découvrir le régime vrai de chacun d'eux. Il a pu ainsi déterminer, jour par jour et heure par heure, pour ainsi dire, dans quelle proportion, suivant les saisons, l'âge etc., chacun d'eux se nourrissait d'insectes ou de graines, quelles espèces étaient attaquées, quelles étaient négligées ;

par conséquent, quelle action protectrice telle espèce exerçait vis-à-vis de tel végétal.

Les admirables tableaux qu'il a ainsi dressés, et qu'il a libéralement mis à notre disposition, arrivèrent à une remarquable conclusion, qu'il formule en ces termes :

« Le plus grand nombre des oiseaux sont *très-* « *utiles* à l'agriculture, et le mal que font à nos ré- « coltes, en certains moments, les oiseaux grani- « vores, est compensé, et au delà, par la consomma- « tion d'insectes qu'ils font en d'autres temps. Le « plus grand nombre des oiseaux granivores sont « exclusivement insectivores dans leur jeune âge, et « ils le deviennent de nouveau pendant l'âge adulte « à chaque période de reproduction. »

Donc, au lieu de tuer brutalement ces oiseaux, il vaudrait mieux les écarter des récoltes qu'ils détruisent, — cela est malheureusement encore à trouver! — parce que leur mort laisse inévitablement sans contre-poids le développement des insectes dont ils vivaient, et qui font, eux, encore plus de mal que les premiers à l'agriculture.

Si donc les granivores eux-mêmes sont à ménager par l'agriculteur intelligent, que doit-il faire vis-à-vis des espèces exclusivement insectivores?

Deux mésanges, pondant de 12 à 20 œufs, arrivent à donner à leurs petits, en 21 jours, au moins

40,000 chenilles ou insectes. Une couvée de berrichons ou troglodytes nécèssite de la part du père et de la mère au moins 50 voyages par heure, chaque fois apportant un insecte. Pour 12 heures de jour cela fait 600 insectes, et pour l'élevage, de 15 jours au moins, 9000 chenilles, sans parler de ce que les parents ont dû manger pour se soutenir eux-mêmes.

Ces résultats ne sont-ils pas écrasants?

Une seule mésange doit consommer, par an, au moins 200,000 œufs ou larves des écorces. L'hirondelle détruit 300 insectes par jour, 50,000 pendant son séjour chez nous.

Et que faisons-nous pour les remercier de ces services que rien ne saurait payer?

Nous tuons les adultes et nous détruisons les œufs!!!

C'est encore une mode, dans les campagnes, de jouer entre enfants d'un même hameau, d'un même village, à qui saura faire, au printemps, le plus beau chapelet d'œufs : la troupe se divise, le carnage commence, et le deuil se répand dans les campagnes. Que de couvées perdues, que d'œufs écrasés pour être vidés, que d'autres brisés par la main des jeunes bourreaux! On orne ensuite les cheminées ou les solives de ces trophées de l'ignorance et de l'imprévoyance humaines!

Et se doute-t-on du chiffre énorme auquel peut s'élever, par an, le produit d'un pareil vandalisme? Au moins, de 80 à 100 millions.

Combien de milliards et de milliards ces millions d'aides admirables eussent décimés, parmi les insectes, pendant leur vie et celle de leurs enfants!

D'autres funestes préjugés persistent encore dans nos campagnes; il faut le répéter : certaines vérités doivent être dites et redites sans cesse.

Trop de personnes croient que la destruction des oiseaux est autorisée : il n'en est rien. La loi sur la chasse (3 mai 1844) les protége, au contraire, par son silence, car elle ne reconnaît que deux modes de chasse: celle *à tir*, et celle *à courre*. En temps non permis, tuer un roitelet ou une mésange n'est pas un délit moindre que de tuer une caille ou une perdrix. Toutes les anciennes pratiques, tous les anciens piéges sont interdits, — à moins d'un arrêté préfectoral, — et la restriction de la liberté laissée aux possesseurs d'un parc fermé est limitée, d'après une nouvelle jurisprudence, — à l'emploi d'engins non défendus.

Quelques préfets, éclairés par les réclamations incessantes des Sociétés d'agriculture et la voix de la science, ont pris des arrêtés pour la conservation des oiseaux utiles. On a même été jusqu'à dresser des listes. Mais tout cela constitue-t-il une garantie suffisante? Nous ne le pensons pas. D'ailleurs, comment l'admettre quand nous voyons les anomalies les plus grossières se manifester chaque jour? Un préfet prévoyant, celui du Haut-Rhin, punit d'une amende de 300 fr. toute personne détruisant un nid. C'est très-bien.

Pendant ce temps-là, M. le préfet du Var, par son arrêté, *autorise* la chasse des oiseaux insectivores!

Qu'est-ce que cela veut dire? Comment expliquer ce manque de suite? Les oiseaux utiles au Nord sont-ils donc nuisibles au Sud? A moins que, dans le Var, la gourmandise ne passe avant la raison!

Ce n'est pas tout encore, la loi s'est appuyée sur une distinctoin futile, celle d'*oiseaux de passage*, et les préfets ont le devoir de fixer l'époque et le mode de chasse de ces oiseaux. Malheureusement ils n'ont même pas la liberté absolue de désigner *quels sont* les oiseaux de passage, car il a fallu leur donner une liste spéciale pour les renfermer dans l'unité d'action. Or, qui ne reconnaît de suite le mal que produit une semblable loi, quand on voit figurer, parmi les malheureux oisillons mis en coupe réglée, le *bec-figue*, la *grive*, l'*étourneau*, l'*hirondelle*, la *huppe*, la *mauvis*, le *traquet motteux*, l'*ortolan* etc. Pauvres, pauvres insectivores!

Quel mal ont-ils fait?

Quel bien n'auraient-ils pas pu faire!

Tout le monde a entendu parler des millions de

becs-fins qui, au printemps et à l'automne, traversent, en émigrant, les gorges et les défilés de nos montagnes. Dans les Vosges et dans la Lorraine on les rencontre par millions sur les coteaux boisés. Qu'en résulte-t-il? que l'arrivée de ces pauvres voyageurs est le signal d'une extermination que l'on ne saurait trop flétrir. Tous les moyens, tous les piéges sont bons; c'est à qui dira : tue et assomme! La sauterelle ou rejet, les trappes, la pipée, l'abreuvoir, les nappes, le perchoir, — que sais-je? — ou le fusil, tout cela s'en mêle, et un seul oiseleur arrive, dans sa journée, à tordre le cou à *50 ou 60 douzaines* de *rouges-gorges!*

Cher petit oiseau du bon Dieu! Toi que le Breton aime et protége, toi qu'il regarde comme le talisman de sa chaumière, que vas-tu faire en cette boucherie?

Du Nord passons au Sud, nous ne changerons que de climat, mais non de barbarie. Dès que le printemps se fait, les oiseaux arrivent en foule sur les bords de la Méditerranée; comment les reçoit-on? A coups de piéges et de fusils! Toutes les hauteurs de la côte, chaque mamelon, de Marseille à Toulon, à dix, vingt lieues à la ronde, sont garnis de *postes* de chasse. Tout ce qui passe tombe sous le plomb ou dans le lacet!

Si nous en croyons M. Sacc, les chasseurs doivent

détruire, pendant plusieurs semaines, de 100 à 200 bec-fins par jour. Imprudents!

En Italie, un passage très-fréquenté se rencontre aux environs du lac Majeur et au pied des Apennins et des Alpes, en plusieurs endroits où la barrière des montagnes s'abaisse et s'ouvre devant les ailes fatiguées des émigrants. *Fauvettes, rossignols, hirondelles*, rien n'est épargné! Dans un seul canton, Tschudi évalue le massacre à 70,000 individus dans une saison, à plusieurs millions le nombre de ceux qui succombent en Piémont pendant le même temps!

Agir ainsi est l'action d'un fou!

Et c'est de peuples civilisés que nous parlons!

— Pas de sensiblerie sur la mort de ces animaux, dira-t-on; ce sont des organismes qui succombent, ni plus ni moins.

— Soit! Nous ne voulons pas penser à leur grâce, en cet instant; il est préférable d'envisager de plus haut les conséquences de faits semblables.

Qu'est-il advenu? Cette manière d'entendre les intérêts de l'agriculture n'a pas porté ses fruits de suite : peu à peu, cependant, le vide s'est fait, et l'on s'est aperçu du mal quand il était énorme, parce qu'il se répartissait sur une immense étendue de terrain.

Aujourd'hui le vide est presque complet. De toutes parts on se plaint de la multiplication effrayante des insectes : le blé, la vigne, les colzas, les betteraves, les forêts, les vergers, tout est envahi, tout est assailli, tout meurt, tout se flétrit ou se sèche, si bien que chaque été voit les récoltes de plus en plus compromises et que l'homme, en désarroi, se sent chaque jour plus misérable et plus désarmé!...

Que faire?... Que résoudre?...

Les agriculteurs commencent à s'émouvoir. Il est bien temps de songer à reconstruire quand, depuis des centaines d'années, on travaille à démolir!

Mieux vaut cependant tard que jamais...

Le changement, — que l'on y songe, — ce ne sera point l'œuvre d'un jour, il sera le produit d'une réforme dans nos mœurs populaires.

Beaucoup de personnes, qui croient que le gouvernement en France peut tout faire et que l'on décrète la multiplication des oiseaux comme celle des arbres, demandent une loi spéciale qui arrête le mal.

Une telle loi ne servirait à rien. Il y a mieux et plus à faire. Il faut que la protection étendue sur nos auxiliaires ailés résulte des mœurs, de la conviction, enfin de l'habitude et de l'éducation des masses.

C'est là la seule base stable de l'avenir.

Que la mère gourmande ses enfants quand ils enfreignent le respect dû au nid de l'oiseau; que le maître en fasse autant pour le jeune serviteur; que les pâtres désœuvrés et solitaires soient punis s'ils détruisent les couvées, encouragés s'ils les défendent. La commune peut et doit suffire à cela. Chacun s'aidant, le salut de tous est assuré.

Que l'instituteur fasse connaître à ses élèves les services que l'homme attend de l'oiseau; qu'il flétrisse énergiquement le maraudage et qu'il le punisse quand il parvient à le découvrir. Nous voyons, dans cet enseignement, le germe d'un grand progrès pour nos mœurs.

Et que l'on ne nous dise pas : utopie! Voici des faits tout récents : un de connu, pour mille d'inconnus!... nous copions textuellement :

« A Saint-Germain-en-Laye, un maître d'école vient de fonder, pour la conservation des nids d'oiseaux, une association qui compte, comme membres, tous les enfants de l'école.

« Voyez-vous ce nid, berceau aérien, exposé à tous les vents, placé sous la protection de son plus redoutable ennemi, l'écolier! Voyez-vous l'enfant, tuteur attendri et zélé de ces nouveau-nés, qu'hier encore il dénichait avec une cruelle insouciance!

« Humain envers les bêtes, l'enfant sera un jour dévoué à ses semblables et charitable à ses frères.

« Cette œuvre enfantine et charmante est tout à la fois une leçon d'humanité et un enseignement agricole.

« Dans la bergeronnette et le rouge-gorge, l'écolier apprend à respecter un ennemi des insectes, un auxiliaire du laboureur, une providence du sillon.

« ...Sur 347 nids reconnus et surveillés par les jeunes sociétaires d'une école de la Meurthe, 318 couvées ont réussi parfaitement.

« ...A Jambles, un instituteur a eu l'idée d'établir autour de son école des jardinets, dont la culture est répartie entre les élèves comme récompense de leur conduite et de leurs progrès.

« Il a planté avec eux des rosiers et des arbres fruitiers qu'ils ont greffés ensemble, et qu'il distribue ensuite à titre de récompense et de prix.

« Ce prix, d'un genre tout nouveau, transplanté dans le jardin paternel, sera soigné avec amour, avec orgueil, et grandira avec celui qui l'aura gagné. Ce sera pour lui un compagnon, un ami, un souvenir toujours présent de sa jeunesse laborieuse et appliquée.

« Homme, il le montrera un jour à ses enfants, et son émotion se renouvellera toute la vie avec les fleurs de chaque printemps. »

Honneur à cet instituteur!

Dans quelques pays de l'Europe, les législateurs ont beaucoup mieux apprécié qu'en France les services rendus par les oiseaux à l'agriculture et, par suite, au bien-être de la classe la plus nombreuse. L'Allemagne nous donne l'exemple.

En Prusse, la loi protége les oiseaux utiles à l'agriculture: quiconque trouble un rossignol ou sa couvée devient passible d'une amende et même de la prison. Pour en conserver un en cage et le détourner de sa destination primordiale d'échenilleur patenté, il faut payer une somme pour les pauvres, — réparation du dommage causé à tous! — et faire, à l'autorité locale, la déclaration de son dessein.

A défaut de la loi, l'interêt, la religion même dans beaucoup de pays apprennent à l'homme ce qu'il peut faire pour ces auxiliaires de bonne volonté. Aux États-Unis, en Suisse, en Autriche, — depuis peu en France même, beaucoup d'agriculteurs disposent dans leurs enclos des nids artificiels où les oiseaux viennent faire leurs pontes.

Il y a là une amélioration marquée; suivons-la.

Avons-nous besoin de rappeler le respect et le culte que l'Alsace voue à ses cigognes, l'Orient à ses marabouts, le Sud-Amérique à ses urubus? A Calcutta, les oiseaux sont si bien apprivoisés qu'ils viennent chercher leur dîner, en ligne, chaque jour.

Que ne faisons-nous ainsi?

Les oiseaux disparaissent de nos campagnes, et, avouons-le, d'autres causes que la chasse aident à leur renvoi et activent leur disparition. La culture remplace peu à peu les bois et les bosquets; les champs s'étendent où librement croissait la lande, et les buissons, les grands arbres et les haies vives, ces retraites utiles, indispensables à la ponte, s'enlèvent peu à peu pour faire place aux cultures intensives qui ne perdent pas un centimètre de terrain. Les étangs et leurs saussaies se dessèchent, les rivières se canalisent, les montagnes et les sables se repeuplent.

Où l'oiseau pourra-t-il bientôt trouver un refuge, établir son nid, élever ses petits en paix?

Il s'éloignera d'une contrée si peu hospitalière.....

C'est ce qui arrive chaque jour.

Le nid artificiel combattra cette funeste tendance. Mais combien d'espèces ne s'y soumettront jamais!

Bientôt, si la dépopulation continue, l'homme apprendra par la disette et la ruine ce qu'il en coûte de rompre l'équilibre des forces naturelles.

PREMIÈRE PARTIE

OISEAUX DES BOIS

PREMIÈRE PARTIE.

OISEAUX DES BOIS.

CHAPITRE PREMIER. — HABITANTS DES GRANDS MASSIFS.

Vautour arrian.
— fauve.
— percnoptère.
Aigle commun.
— impérial.
— à queue barrée.
— botté.
Autour ordinaire.
Épervier.
Tiercelet.
Emouchet.
Chat-Huant ou hulotte.
Chouette teugmale.
Hibou commun.
— Grand-Duc.
Finson d'Ardennes.
Pouillot fitis.
— véloce.
Pouillot siffleur.
— bonelli.
Roitelet huppé.
— à triple bandeau.
Mésange charbonnière.
— noire.
— bleue.
— huppée.
Gobe-Mouche à collier.
Coucou gris.
Grand corbeau.
Durbec.
Bec croisé ordinaire.
— perroquet.
Grand coq de bruyère.
Petit coq de bruyère.
Gélinotte.

CHAP. II. — HABITANTS DES LISIÈRES.

Circaëte Jean-le-Blanc.
Buse et archibuse.
Bondrée.
Babillarde ordinaire.
— orphée.
— subalpine.
— mélanocéphale.
Fauvette épervière.
Gobe-Mouche noir.
— gris.
Rollier d'Europe.
Huppe.
Geai.
Pie-Grièche.
Moineau friquet.
— soulcie.
Pigeon ramier.
— bizet.
— colombin.
Tourterelle.
Bécasse.
Faisan.

CHAP. III. — ÉPLUCHEURS DE TRONCS.

Pic noir.
— leuconote.
— mar.
— épeiche.
— épeichette.
— trydactyle.
— vert.
Pic cendré.
Torcol vulgaire.
Sitelle.
Grimpereau familier.
— brachydactyle.
Tichodrome ou grimpereau de muraille.

CHAPITRE PREMIER.

HABITANTS DES GRANDS MASSIFS.

Les oiseaux des bois se divisent assez facilement en *utiles* ou *nuisibles*, et leurs attributions sont beaucoup plus aisées à définir que celles des habitants de la plaine.

Pour qui connaît la forêt, son peuplement en hôtes ailés change suivant que l'on considère l'*intérieur des grands massifs* ou que l'on suit les *lisières*, et si nous joignons à ces deux grandes divisions celle des *éplucheurs de troncs*, nous sommes sûrs d'envelopper ainsi tous les oiseaux qui peuvent, dans les bois, nous servir ou nous nuire.

Il est évident, d'ailleurs, que, selon que la forêt sera résineuse ou composée d'essences feuillues, la population qui l'habitera se montrera très-différente; ce serait folie de chercher, dans un bois de chênes ou de hêtres, les amis des cônes et des bourgeons du sapin et de l'épicéa.

Quoi qu'il en soit, dans l'un comme dans l'autre milieu, le nombre des adaptations naturelles auxquelles doivent répondre les oiseaux est à peu près le même. Dans l'un comme dans l'autre milieu donc, nous trouverons des organismes destinés à vivre :

De proies vivantes : oiseaux, quadrupèdes etc.;
Des fruits des arbres, des bourgeons etc.;
Des vers et insectes du sol;
Des vers et insectes des écorces;
Des vers et insectes des feuillages.

Citons immédiatement quelques exemples pour mieux faire comprendre cette pensée simple. Ainsi, les oiseaux se nourrissant *de proies vivantes, oiseaux, quadrupèdes* etc., peuvent être les mêmes, puisque leur nourriture est indépendante de la *qualité* de la forêt. Pour eux, un oiseau est un oiseau : toute proie, tout quadrupède, est aussi bon dans un endroit que dans l'autre, qu'il soit nourri de glands ou des semences du pin.

Quant aux organismes vivant des *fruits des arbres*, ils doivent, au contraire, être différents; aussi voyons-nous des *becs-croisés*, par exemple, parmi les pins, et les *gros-becs* dans les bois feuillus.

Parmi les organismes vivant des *vers et insectes des écorces*, nos forêts feuillues, — beaucoup moins attaquées de ce côté que les bois résineux, et d'ailleurs beaucoup moins en danger, parce que leur séve différente répare immédiatement leurs blessures, — nos forêts feuillues n'ont qu'un travailleur, le *pic vert* et ses deux petits coadjuteurs la *sittelle* et le *grimpereau*, tandis que les résineux possèdent une légion d'aides-nettoyeurs toujours au travail : le *pic noir*, le *pic mar*, l'*épeiche*, l'*épeichette*, et même le *pic vert*, qui s'en mêle, lui aussi! Remarquons à quel point cette besogne a semblé importante à la nature, indispensable pour la vie des résineux, puisqu'elle a créé l'un sur l'autre, coup sur coup, deux moules identiques : l'*épeiche* et sa réduction l'*épeichette*, afin, sans doute, que l'un attaquât les forts et l'autre les faibles ravageurs de ces bois!

Les organismes qui *vivent du sol* peuvent et doivent être les mêmes, — en tenant compte cependant des accidents de plaine ou de montagne, de marais ou de roches; — aussi, sous les feuilles comme sous les aiguilles des pins, nous trouvons la *bécasse*, la *huppe*, amies des endroits mouillés; en hiver, les *bandes de pinsons d'Ardennes* épluchent le bord des chemins; les *coqs de bruyère*, *gélinottes* ou *perdrix rouges* vivent sur les lisières; les *geais* sont également partout etc., etc.

Si nous considérons maintenant la forêt au point de vue de son étendue, nous remarquerons que les grands massifs ne sont, en général, habités que par de très-gros ou de très-petits oiseaux.

En haut, sur les cimes élevées et nues des arbres formant observatoire, les oiseaux de proie, immobiles, ne daignant jamais entrer sous la ramée où leurs grandes ailes d'ailleurs ne pourraient leur être d'aucun usage; puis, au-dessous d'eux, cachés par les légers dômes des feuillages, la gracieuse phalange des oiseaux qui vivent des *vers et insectes des feuilles.* C'est là que nous trouverons les jolis *gobe-mouches* ou *bec-figues*, les *pouillots*, ces admirables et minuscules chasseurs sans cesse en mouvement, courant la tête en bas ou se suspendant comme des acrobates. Merveilleux petits chercheurs auxquels la nature a tout donné, même une robe verte ou jaunâtre, afin de les soustraire à la vue des ennemis d'en bas, — les loirs, les écureuils sans doute, — car les feuilles les dérobent absolument aux regards perçants des rapaces d'en haut!

Au lieu de cette quasi-solitude, si nous approchons des lisières, la forêt se peuple : aussi le bon sens public a-t-il raison de venir là pour entendre chanter les oiseaux, car dans les grands massifs on n'entend rien, rien que le gazouillement à peine sensible et indéterminé de nos petits amis des feuilles, se mêlant au murmure de la brise dans les branches, et plus haut, là-bas dans les airs, les glapissements discordants et sinistres des chercheurs de rapines.

Sur les lisières, au contraire, tout est chant et concert. C'est là que demeurent le *rossignol* et la *fauvette*, c'est là que chantent le *merle* et la *grive*, c'est là que roucoulent en basse continue le *ramier* ou la *tourterelle*. Au bord des bois on entend aussi la roulade bizarre du *loriot* voyageur, tandis que, sous les grands massifs, chante seul le *coucou* à la voix plaintive.

Arrêtons-nous cependant un instant au bord de la forêt pour remarquer quelques nouvelles adaptations typiques que l'intérieur des bois ne nous pouvait donner. C'est à la limite des champs que rôdent, le soir, les énormes papillons de nuit et les gros insectes, cherchant dans la plaine ou sur les arbres isolés le lieu propice de leurs amours. C'est donc là que devait se placer l'organisme destiné à s'en nourrir, pour arrêter leur propagation envahissante. Aussi est-ce sur les lisières des bois que demeurent l'*engoulevent* destiné à les happer au crépuscule, et la tribu des *pies-grièches* qui a mission de leur faire la guerre pendant le jour.

Les *mésanges*, — ces éplucheurs infatigables des plus petits insectes logés dans les fissures des écorces, — les mésanges sont partout : nomades, errantes, voletant toujours devant elles, se rappelant par leurs petits cris perçants, elles poursuivent ainsi leurs deux voyages annuels, l'un du Nord au Sud, l'autre du Sud au Nord. Elles passent aussi bien des grands bois aux lisières, qu'elles abandonnent celles-ci pour les arbres des vergers, puis pour ceux des haies ou des jardins. Lorsque la plaine nue se rencontre devant elles, elles s'enlèvent toutes ensemble, comme une poignée de feuilles sèches emportées par le vent, et elles vont, tourbillonnant, mais toujours dans la direction primitive, tomber sur le premier arbre qu'elles rencontrent à l'horizon.

Il y a, en effet, dans la forêt comme dans la plaine, des sédentaires et des nomades.

Pourquoi les derniers?

Nul ne le sait, à vrai dire.

On a beaucoup disserté sur le pour et le contre; on a donné de ces merveilleux voyages les plus singulières raisons... Hélas! on doit dire jusqu'à nouvel ordre : ce que nous savons, à ce sujet, c'est que nous ne savons rien!

Les oiseaux de proie, par lesquels nous commencerons cette revue des commensaux des grands bois, se distinguent de tous les autres oiseaux par la présence de la *cire*, sorte de membrane nue dont la base de leur bec est toujours enveloppée. Ajoutons à ce signe leurs pieds en forme de mains prenantes, avec des doigts armés d'ongles plus ou moins longs, forts ou crochus, constituant la *serre*, et nous aurons un second caractère également frappant, mais moins exclusif que le premier, car il est partagé par quelques individus d'ordres très-différents.

Les mœurs de ces oiseaux, la différence de certains de leurs organes, la variation de leur plumage, la forme de leurs œufs, les séparent en deux grandes divisions naturelles que nous avons conservées ici:

les *rapaces de jour* et les *rapaces de nuit*. A tous les points de vue cette séparation est commode.

Les uns comme les autres se nourrissent d'animaux vivants, mammifères, oiseaux, poissons, reptiles, insectes, mollusques. Les grandes espèces recherchent même les cadavres. Tous ont l'ouïe fine, la vue perçante et l'odorat merveilleux.

« Parmi les animaux, dit à ce sujet G. Leroy, ceux que leur appétit porte à se nourrir de chair ont un plus grand nombre de rapports que les autres avec les objets qui les environnent : aussi marquent-ils une plus grande étendue d'intelligence dans les détails ordinaires de leur vie. La nature leur a donné des sens exquis, avec beaucoup de force et d'agilité ; et cela était nécessaire, parce qu'étant, pour se nourrir, en relation de guerre avec d'autres espèces, ils périraient bientôt de faim s'ils n'avaient que des moyens inférieurs ou même égaux. Mais ce n'est pas uniquement à la finesse de leurs sens qu'ils doivent la mesure de leur intelligence. Ce sont les intérêts vifs, comme les difficultés à vaincre et les périls à éviter, qui tiennent sans cesse en exercice la faculté de sentir, et impriment dans la mémoire de l'animal des faits multipliés, dont l'ensemble constitue la science qui doit présider à sa conquête.

« Ainsi, dans les lieux éloignés de toute habitation, et où en même temps le gibier est abondant, la vie des bêtes carnassières est bornée à un petit nombre d'actes simples et assez uniformes. Elles passent successivement d'une rapine aisée au sommeil. Mais lorsque la concurrence de l'homme met des obstacles à la satisfaction de leurs appétits, lorsque cette rivalité de proie prépare des précipices sous les pas des animaux, sème leur route d'embûches de toute espèce et les tient éveillés par une crainte continuelle : alors un intérêt puissant les force à l'attention ; la mémoire se charge de tous les faits relatifs à cet objet, et les circonstances analogues ne se présentent pas sans les rappeler vivement. »

Le vol des oiseaux de proïe est, en général, puissant : les diurnes l'ont sifflant, les nocturnes muet, ce qui tient à la conformation spéciale des plumes de leur aile. Jamais le mâle n'a plus d'une femelle ; il se contente d'une sorte de mariage souvent très-prolongé.

Au point de vue de l'utilité générale de ces oiseaux, une généralisation est assez difficile à établir ; cependant nous ne craignons pas de dire que la plus grande partie de ces espèces, surtout les nocturnes, est utile, et que, parmi les diurnes, la majeure portion nous rend des services égaux aux méfaits dont nous avons le droit de nous plaindre. Au fur et à mesure que les principales espèces de notre pays vont passer devant notre plume, nous aurons soin d'entrer dans quelques détails plus circonstanciés; mais nous croyons devoir répéter ici que la valeur d'un oiseau, comme utile ou nuisible, est toujours une question d'appréciation professionnelle, et ici plus encore qu'ailleurs.

Un seul exemple en fera comprendre l'importance.

Supposons que, dans un canton, les petits mammifères, les petits rongeurs se multiplient beaucoup à un moment donné; — ce qui arrive sans que l'homme ait pu, jusqu'à ce jour, en déterminer la cause; — nous verrons apparaître à leur suite une grande quantité de rapaces diurnes et nocturnes qui en feront leur nourriture absolue, et agiront vigoureusement pour la répression de ce fléau. Peu à peu leurs efforts sont couronnés de succès, les rongeurs disparaissent... Par ce fait même, voilà des oiseaux, jusque-là éminemment utiles, qui vont devenir tout à coup également nuisibles.

Bien entendu, la population rongeante ne disparaît pas tout à coup, du jour au lendemain: peu à peu la nourriture se fera plus rare, chaque rapace cherchera un supplément nécessaire... quelques-uns émigreront et retourneront vers les contrées d'où ils étaient venus; mais le plus grand nombre cherchera, parmi les animaux du pays, la quantité de chair qui lui manque. De là, massacre général des oiseaux, du gibier, des volailles, des poissons etc., *tolle* des cultivateurs, plaintes, récriminations, malédictions etc.

— Qu'ont fait cependant les rapaces?

— Leur métier dans les deux cas, ni plus ni moins.

Créés pour manger la chair et la transformer, ils ont obéi à leur mission.

L'homme se plaint cependant; il a raison!...

Mais ne ferait-il pas mieux encore d'observer davantage et d'arriver à refouler ou arrêter l'invasion des rongeurs, cause première de tout le mal?...

Ignorance!!... source de la plupart des maux qui affligent l'humanité!

Ces vérités une fois comprises, entrons dans le détail de nos plus communs *oiseaux de proie diurnes*, c'est-à-dire vivant au grand jour.

Il ne faut pas croire que nous trouverons ici des formes élégantes et des couleurs gracieusement assorties comme chez la plupart des autres oiseaux. Non! tout est calculé pour l'utilité ou pour la lutte. Rien n'est accordé au luxe ou à l'art.

Machines puissantes de transformation, ils ont reçu la force et la voracité; c'est tout ce qu'il fallait.

Au premier rang de ces nettoyeurs de la terre, nous devons placer les *vautours*, oiseaux généralement de grande taille et que leur long cou, leur tête plus ou moins nue rendent toujours facilement reconnaissables.

Immondes de mission, immondes de contenance, mais utiles au premier degré, c'est ainsi que l'on peut caractériser ces animaux remarquables. Leur cou allongé, leur tête nue étaient indispensables pour plonger au milieu des liquides corrompus et des chairs décomposées des cadavres: il ne fallait pas de plumes qui pussent s'imprégner de tout cela. Et cependant, s'il est un animal repoussant par l'odeur musquée, infecte, qu'il répand, c'est, en général, le vautour.

Fig. 2. — VAUTOUR FAUVE.

En France, dans notre pays de vieille civilisation, où la terre manquera bientôt sous les bras et les pieds de l'homme, le vautour doit forcément disparaître. Il est déjà rare et nous ne le voyons plus planer qu'au-dessus des gorges de nos plus hautes montagnes.

Pourquoi cette prédilection, demanderez-vous?

Par une raison bien simple; c'est que là seulement il peut espérer trouver quelque nourriture. Dans les plaines, dans les vallées basses et sur les collines, l'homme étend son empire et sa surveillance : les lois, et son intérêt ensuite, l'obligent à enterrer ou décomposer pour ses besoins le corps de tous les animaux qui succombent. Donc le *vautour* n'a rien à faire en ces lieux ; aussi n'y vient-il point.

Il n'en est pas de même en Égypte, par exemple, et dans maintes autres contrées de l'Afrique et de l'Asie. Là, les vautours ne craignent pas de s'approcher des endroits habités et même de parcourir les rues des cités. La cause de cette anomalie est bien simple. Dans les villes brûlantes de l'Orient, ces oiseaux, honorés et respectés des habitants, font partie du service de la salubrité générale en débarrassant les rues des charognes et des immondices qu'elles contiennent. La loi les protége et punit d'une amende de 125 fr. quiconque ose les attaquer. Aussi se montrent-ils familiers, et accomplissent-ils hardiment et entourés de toutes les marques de respect leur rôle utile de nettoyeurs infatigables.

Dans le désert des montagnes de notre pays, l'homme ne passe point encore ; sa domination est à peine indiquée, le vautour règne, préposé au nettoyage général, attentif à faire disparaître tous les cadavres que la mort y pratique chaque jour parmi les animaux sauvages. Sans l'intervention des vautours, l'air serait souvent empesté au loin, et, sous ses effluves dangereuses et malsaines, rendrait une portion du pays inhabitable.

Nous voyons dans les Pyrénées, en Provence, dans le Languedoc, le Dauphiné, le *vautour arrian*, au plumage brun foncé; — avant d'aller plus loin, remarquons encore que, dans ses prévisions admirables, la nature a donné le vautour aux pays du Midi dans lesquels la température accélère la corruption et la rend d'autant plus dangereuse. — Le *vautour fauve* vient aussi dans nos contrées, mais habite plutôt les Alpes. Nous ajouterons encore le *vautour à huppe* ou *percnoptère*, que l'on trouve assez communément dans les Pyrénées et les Basses-Alpes. Il vit également sur les montagnes de l'Isère, de la Drôme, de l'Hérault, du Gard, des Bouches-du-Rhône et de l'Ariége; mais il est de passage en été; l'hiver, il regagne, frileux, les contrées africaines d'où il est parti.

Tels sont nos vautours, et dans quelques siècles ils n'existeront plus.

L'*aigle*, dont nos contrées renferment une ou deux espèces, représente, chez nous, le plus puissant et le plus redoutable de nos oiseaux de proie : tout au contraire des précédents, ces oiseaux ne vivent que de proie sanglante, et les cadavres ne les tentent que rarement et seulement quand un jeûne terrible les a fait sortir de leur caractère ordinairement empreint d'une sorte de fierté naturelle.

Cette fierté existe-t-elle réellement? Nous ne le pensons pas. Elle est plutôt caractérisée par la férocité implacable de leurs yeux fixes, par l'aisance nerveuse de leur vol et leur port herculéen, que par une sélection naturelle de faits spécifiés. Pour nous, l'aigle n'est pas plus fier que l'oie ou la grue, — c'est une assimilation toute gratuite de la part de l'homme, — il est confiant dans sa force, voilà tout.

Fig. 3. — AIGLE COMMUN.

L'*aigle commun*, *aigle fauve*, *grand aigle* ou *aigle royal*, est assez commun et sédentaire dans les Hautes et Basses-Alpes, et parmi les montagnes de la Provence, du Dauphiné et des Pyrénées. Ami des grandes masses de bois aussi bien que des hautes montagnes, on l'entend glapir au-dessus de la forêt de Fontainebleau, de celle d'Orléans et des immenses massifs des Vosges et de la Champagne.

La prédilection de l'aigle pour les montagnes et les forêts s'explique par la nécessité de pourvoir à sa nourriture et par sa haine instinctive des lieux habités ou fréquentés par l'homme. Il ne faut pas nous dissimuler que ce rapace est un forban toujours en quête de rapine : ce qu'il cherche, en décrivant ses grands orbes dans le ciel, c'est la victime promise à ses aiglons ou le dîner du soir pour lui et pour sa compagne. Il décime les jeunes produits des troupeaux, et les bergers ont souvent à défendre les agneaux et chevreaux qui naissent dans les grands pâturages de la montagne.

Cette nécessité de chercher sans cesse une proie vivante pour assouvir leur faim explique pourquoi les aigles vivent toujours isolés les uns des autres. « Les animaux carnassiers, dit à ce sujet G. Leroy, ne vivent guère en société; leur voracité naturelle et la disette de proie les oblige de s'éloigner les uns des autres. Deux louves, deux oiseaux de proie ne s'établissent avec leur famille qu'à une certaine distance, proportionnée à l'étendue du pays qui leur est nécessaire pour subsister. Loin de vivre en société, lorsqu'il y a concurrence et rencontre, il s'ensuit presque toujours un combat, à la fin duquel le plus faible est forcé de s'éloigner.»

Ceux qui ont vu ces terribles oiseaux seulement dans les cages des jardins zoologiques ne peuvent se former qu'une bien faible idée de ce qu'est l'aigle dans l'état de nature, au milieu des rochers et des montagnes. « La dernière fois que je rencontrai un aigle, dit T. Franklin, c'était en Auvergne. Une cascade se précipitait avec un bruit de tonnerre. Au milieu des rugissements de l'eau, un cri court et perçant, qui semblait sortir des nuages, frappa mon oreille! En regardant dans la direction d'où était parti ce bruit, j'aperçus bientôt un petit point noir qui se mouvait rapidement vers moi. C'était un aigle.

« L'oiseau venait évidemment des contrées de plaines qui s'étendent derrière la chaîne des montagnes. Il semblait flotter ou, pour mieux dire, faire voile dans l'océan d'un air relativement calme. De temps à autre, cependant, il frappait lentement de l'aile comme pour affermir son vol. Il s'approchait, suivant une ligne directe; nous nous cachâmes, mon guide et moi, derrière un rocher, et nous observâmes ses mouvements à l'aide d'une longue-vue. Lorsque nous l'avions aperçu, il pouvait être à un mille; en moins d'une minute, il se montra à portée de fusil. Après avoir regardé deux ou trois fois autour de lui, il laissa tomber ses serres, trembla légèrement et s'abattit sur un roc. Pendant un moment, il promena çà et là ses yeux perçants, comme pour s'assurer qu'il n'avait rien à craindre, puis fourra sa tête sous une de ses ailes éployées et parut lisser ses plumes avec le bec. Cela fait, il étendit le cou et regarda fixement le côté du ciel d'où il venait, puis poussa quelques cris rapides. Il resta ainsi dix minutes, manifestant une grande inquiétude, foulant le granit avec ses serres crochues. Tout à coup, il s'éleva du rocher, se lança dans l'air et flotta, comme auparavant, en faisant entendre le même cri aigu. Regardant alors, nous vîmes approcher sa femelle. Il vola à sa rencontre, et bientôt les deux oiseaux devinrent invisibles. »

Faute d'une dîme à prélever sur les troupeaux de l'homme, l'aigle se rabat sur les animaux sauvages : les chamois, les bouquetins et leurs petits lui paient un sanglant tribut ; les chevreuils, les marmottes, les lièvres, les renardeaux et les louveteaux sont surpris par lui dès qu'ils lui en fournissent l'occasion. Dans les moments de disette, il ne dédaigne pas les petites rongeurs qu'il rencontre ; mais, doué dans ce but par la nature, il peut supporter une abstinence prolongée, tout aussi bien que se gorger en une fois d'une quantité de chair incroyable.

Les ailes de l'aigle, d'une très-grande envergure, sont d'une puissance musculaire énorme. On a vu ces oiseaux tuer leurs victimes d'un coup d'aile.

Certaines personnes ne croient pas ces animaux assez forts pour emporter dans leurs serres des agneaux et autres quadrupèdes de la même taille. Cependant le fait s'observe tous les jours. Bien plus, on a même des exemples d'aigles enlevant des enfants.

Nous en citerons quelques-uns. Dans le Syke, en Écosse, une femme avait laissé un instant son enfant dans un champ; un aigle emporta cet enfant dans ses serres et traversa au vol toute la longueur d'un lac. Quelques gens de la campagne, qui gardaient leurs troupeaux, aperçurent l'oiseau déposer son fardeau sur un rocher, et, entendant les cris de l'enfant, se rendirent en toute hâte à l'endroit, où ils trouvèrent la victime saine et sauve.

En Suède, la mère d'un autre enfant était en train de travailler dans les parcs de brebis, et elle avait déposé son enfant sur le sol, à une petite distance. Soudain, un aigle s'abattit et enleva l'enfant. Pendant longtemps la malheureuse femme entendit la pauvre victime criant dans l'air; mais il n'y avait aucun moyen de lui porter secours... Bientôt elle ne vit plus rien!... Peu de temps après, elle perdit la raison.

Au printemps de 1847, un aigle enleva un garçon de dix ans, dans la commune de Hery-sur-Alby, dans le canton de Genève. Le jeune espiègle venait justement de piller un nid, dans lequel il avait pris des aiglons, et cet acte d'agression avait probablement exaspéré le père et la mère. L'un des deux aigles le saisit immédiatement et le déposa sur un rocher à environ six cents mètres de là. Heureusement, il fut délivré par des bergers qui accoururent. Le jeune garçon n'avait subi d'autre violence qu'une grave lacération imprimée par les serres de l'oiseau.

A First-Holm, — l'une des îles Féroë, placée entre le nord de l'Écosse et l'Islande, — un aigle enleva un enfant qui se trouvait à une petite distance de sa mère, et l'emporta dans son aire, située sur la pointe d'un grand roc, si escarpé que les plus hardis dénicheurs d'oiseaux n'avaient jamais osé le gravir. La mère, elle, escalada ce rocher à pic, et atteignit le nid. Mais, hélas ! il était trop tard : l'enfant était mort.

Moquin-Tandon a communiqué à l'Académie des sciences, inscriptions et belles-lettres de Toulouse (*Mém.*, année 1839-1841) un fait remarquable qui atteste la force d'un aigle royal. « Deux petites filles du voisinage d'Alesse, dans le canton de Vaud, l'une âgée de cinq ans, l'autre, de trois, jouaient ensemble, lorsqu'un aigle de taille médiocre se précipita sur la première, et malgré les cris de sa compagne, malgré l'arrivée de quelques paysans, l'enleva dans les airs. Après d'actives recherches sur les rochers des environs, recherches qui n'eurent d'autre résultat que la découverte d'un soulier, d'un bas d'enfant et de l'aire de l'aigle, au milieu de laquelle étaient seulement deux petits, environnés d'un amas énorme d'ossements de chèvres et d'agneaux, un berger rencontra enfin, près de deux mois après l'événement, gisant sur un rocher, le cadavre de l'enfant, à moitié nu, déchiré, meurtri et desséché. Ce rocher était à une demi-lieue de l'endroit où l'enlèvement s'était fait. »

Si nous réfléchissons à ces faits, nous n'hésitons pas à ranger l'aigle parmi les animaux malfaisants de premier ordre, car la destruction qu'il fait de rongeurs incommodes n'arrive jamais à compenser l'inutile consommation de chair comestible à laquelle il se livre. En hiver, d'ailleurs, quand les marmottes sont engourdies, quand les lièvres, devenus blancs, échappent dans la neige à ses regards perçants, il lui faut descendre dans la plaine, et là il décime les volailles et les réserves du laboureur.

Sus donc! à mort le brigand!

Le seul service que l'homme pourrait espérer de l'aigle serait d'en faire un pourvoyeur de gibier. Mais son éducation est difficile, impossible même, car les anciens fauconniers y avaient renoncé. Cependant quelques voyageurs assurent que les Tatares prennent de jeunes aiglons dans le nid, et qu'ils parviennent à les dresser à la chasse du renard et de l'antilope. Ces prétendus aigles ne sont-ils pas plutôt des faucons d'une grande espèce? Nous sommes fortement porté à le croire. Enfin un Allemand, Riesener, émit l'idée de se servir des aigles pour diriger les ballons. Dans une brochure publiée par lui à ce sujet, il a non-seulement calculé le nombre d'aigles qu'il faudrait pour un ballon de grandeur donnée, mais encore il a décrit le harnachement de ces nouveaux coursiers.

L'aigle est très-remarquable par sa longévité. On en a vu un, captif à Vienne, qui vécut pendant cent quatre ans. De plus, il peut supporter fort longtemps le manque de nourriture, qualité qu'il partage avec tous les animaux mangeurs de proies vivantes.

L'*aigle commun* a la tête roux doré; l'*aigle impérial*, au contraire, a la tête et le cou blanc sale : ce dernier est rare dans nos montagnes et présente les mêmes mœurs sanguinaires que son voisin. On peut dire la même chose de l'*aigle à queue barrée*, plus petit que les précédents, et se reproduisant dans le Gard et les Bouches-du-Rhône, où il fait la chasse aux oiseaux de marais, aux lapins et aux levrauts.

Tous ces bandits sont bons à détruire. N'hésitons pas !

L'*aigle botté* est encore plus petit que tous ceux-là : à mesure que la taille décroît, la surface d'habitation augmente, l'audace semble croître aussi et la crainte du voisinage de l'homme s'effacer. Cet aigle paraît répandu sur la plus grande partie de la France, depuis les Pyrénées et les Alpes jusque dans la Bretagne, suivant une ligne qui ne dépasse la Loire que vers l'Ouest.

Avec la taille diminue la force; avec la force, le dégât, et, en même temps, l'utilité possible croît par rapport à l'homme. Déjà les petits mammifères, et surtout les rongeurs, deviennent la plus grande partie de sa nourriture, et l'oiseau supplée à ce qui lui manque, par des reptiles ou de gros insectes.

Si nous hésitons à le regarder en *ami*, laissons-le dans la catégorie encore mal définie des *indifférents*, à moins que nous ne soyons chasseurs ou possesseurs d'une chasse gardée, auquel cas il devient un dévastateur au même degré que *tous* les rapaces, et doit être détruit impitoyablement. Car ce qu'il consomme d'animaux nuisibles le sera par d'autres rapaces — les nocturnes — beaucoup moins dangereux que lui, et dont, au contraire, nous avons intérêt à favoriser la multiplication.

A la suite des aigles nous plaçons, parmi les rapaces vivant dans les grands bois, les *autours*, dont les formes sont plus lourdes, le bec plus arqué, à bords festonnés et non dentelés, les jambes longues, les doigts faibles et la queue longue.

L'*autour ordinaire* est un très-bel oiseau, aussi gros que le *balbuzard*, et passant sa vie aux dépens des pigeons, tourterelles, perdrix, faisans, lapins, lièvres, faons de chevreuil, qu'il saisit entre les arbres ou à terre avec une adresse et une souplesse sans égales. Les poules et autres oiseaux de la basse-cour lui paient souvent un tribut qui déplaît au cultivateur.

Fig. 4. — ÉPERVIER.

Comprenons donc l'autour dans la même proscription qui va s'étendre sur l'*épervier ordinaire*, un de ses moules réduits.

L'*épervier* existe partout dans notre beau pays, et partout il devrait être poursuivi à outrance. Sa vie se passe à chasser les oiseaux de toute espèce, depuis l'hirondelle jusqu'au rossignol. Doué d'un coup d'aile d'une rapidité extrême, il prend sa proie au vol et vient quelquefois la chercher jusque dans les maisons habitées.

Le plumage de cet oiseau est assez variable : on

lui donne souvent le nom de *tiercelet* ou *émouchet*.

Sous quelque titre que ce soit, détruisez-le, cultivateurs, chasseurs qui voulez sauver vos couvées de volailles ou de gibier, car le bandit ne s'adonne

Fig. 5. — AUTOUR ORDINAIRE.

aux rongeurs et aux insectes que poussé par la plus affreuse nécessité. C'est l'oiseau qu'il lui faut ! Une question de vie ou de mort se débat donc entre l'homme et lui.

Autant les oiseaux de proie *diurnes* sont, en général, nuisibles à l'homme, autant les *nocturnes* lui sont utiles, et cependant, s'il est une famille d'oiseaux sur laquelle la prévention et la crédulité aient répandu des contes et des absurdités, c'est, sans contredit, celle des *rapaces nocturnes*. Pourquoi, dans la plupart des pays, les populations montrent-elles une crainte instinctive de ces animaux? La réponse n'est pas facile à faire. Cela tient probablement à la crainte naturelle de l'homme pour les ténèbres, au milieu desquelles, malgré la voix de sa raison, il se sent faible et désarmé. Ému par les grandes ombres, par le profond silence de la nature, l'esprit se laisse impressionner par les cris et les hurlements lugubres des oiseaux nocturnes... De la crainte à la répulsion il n'y a qu'un pas ; il fut bientôt franchi.

Ajoutons les superstitions imaginées par les têtes fanatisées du moyen âge barbare ; n'oublions pas la ténacité des préjugés dans les contes populaires, et nous pourrons nous rendre compte de la valeur des dictons ridicules qui rendent suspects et haïssables aux yeux des paysans les plus utiles de leurs auxiliaires.

Les *rapaces nocturnes* possèdent d'ailleurs une figure toute particulière : s'ils sont attaqués en jour ou frappés d'étonnement par quelque objet, leurs plumes se hérissent, ils prennent des postures étranges, font des gestes ridicules, émettent des sifflements sinistres, et leur myopie incurable leur fait faire des grimaces diaboliques. Il n'en faut pas tant, aux champs, pour devenir un suppôt de Satan et un auxiliaire de ses œuvres.

Assimilation singulière, mais basée certainement sur des considérations analogues, ce sont les deux familles d'animaux les plus utiles qui réveillent le plus de haine et provoquent la plus grande horreur dans nos campagnes : les *chauves-souris* et les *oiseaux de nuit*.

Les *rapaces nocturnes* ont la tête grosse ; mais leur crâne, épais et composé d'une substance légère, présente de grandes cavités qui communiquent avec une oreille énorme, démesurée, faisant le tour de la face, renforçant probablement le sens de l'ouïe, qui a besoin d'une extrême acuité. Leurs gros yeux, dirigés en avant, montrent une énorme pupille, par laquelle entrent tant de rayons lumineux que les oiseaux sont éblouis pendant le jour, et que leurs facultés visuelles ne peuvent s'exercer librement que sous la clarté blafarde de la lune ou pendant les lueurs adoucies du crépuscule. Tout autour des yeux, un cercle de plumes effilées forme une conque légèrement concave, qui permet de voir partout sans que le bec, — comme chez les oiseaux diurnes, — gêne le regard; ces plumes, minces et soyeuses, recouvrent le plus souvent la cire du bec.

Les ailes de ces oiseaux, admirablement conformées pour un vol silencieux, sont composées de plumes molles, effrangées, flexibles, appuyant sur l'air sans choc ni sifflement, et procurant un vol absolument muet pour approcher une proie sans défiance.

On a longtemps accusé les oiseaux de nuit de dévorer les charognes. Cela est faux; leur *facies* emplumé, leur bec court et garni de poils rendent, pour eux, une pareille nourriture à peu près impossible. Ils ne font pas davantage la guerre aux oiseaux endormis. Comment, même avec leur vue spéciale, pourraient-ils les découvrir immobiles, endormis au milieu des herbes ou sous les feuilles? Ils se trahiraient au premier mouvement parmi les brindilles. Au contraire, les rapaces nocturnes ne peuvent attaquer que des animaux qui vivent, marchent et sortent la nuit.

C'est précisément d'où vient leur immense utilité.

Les rongeurs sont leur proie préférée, et, en effet, ces mammifères ont une vie tout à fait extra-diurne pour la plupart des espèces. Ajoutons-y les reptiles et les gros insectes.

Affirmons-le donc hautement; crions-le sur les toits; les rapaces nocturnes sont des amis, des aides, des auxiliaires bénis qu'il faut protéger, encourager, aider à notre tour de tous nos moyens.

Fig. 6. — HULOTTE, CHAT-HUANT.

Respect à ces honnêtes travailleurs de la nuit!

Le *chat-huant* ou *hulotte* est essentiellement un habitant des forêts et des pays boisés : il se nourrit de petits mammifères, au nombre desquels il faut compter les écureuils, qu'il sait prendre dans leurs repaires. Le chat-huant rend ainsi un très-grand service à l'homme, en détruisant un des plus dangereux et acharnés ennemis des petits oiseaux; mais ces petits mammifères ne forment pas sa seule nourriture, car on a trouvé dans son estomac jusqu'à 100 chenilles de sphinx du pin, si dangereuses pour les forêts, et des hannetons en égal nombre. Dans 210 bêtes on a compté les restes de: 48 rats et souris, 296 rats d'eau et mulots, 33 musaraignes, 48 taupes, 18 petits oiseaux, une quantité innombrable de hannetons, preuve bien suffisante que le chat-huant est utile à la culture. On devrait donc le laisser vivre en repos.

On assure qu'il happe aussi les chauves-souris... Ce méfait diminue la confiance que l'on doit apporter à ses œuvres et demande un supplément d'instruction avant le prononcé d'un jugement équitable...

Le *chat-huant* pond, en général, dans les nids abandonnés des buses, des corneilles, des pies, sur les grands arbres. Sa taille est égale à celle du *choucas* ou *corbeau des clochers*, à peu près celle du *pigeon*. Ses cris le font croire beaucoup plus gros, car ils sont puissants et s'entendent à une grande distance.

N'avançons pas plus loin sans faire remarquer que les grandes forêts de résineux ont leur moule *rapace de nuit* adapté à leur spécialité ; c'est la *chouette teugmale* ou *nyctale*, que l'on nomme aussi la *chèvre sauvage*, à cause de son cri tout à fait semblable à un bêlement.

Le *hibou commun* commence la série des nocturnes à aigrettes, à oreilles, comme dit le public, qui, pour cette raison, lui donne presque toujours le nom de *chat-huant*. Cet oiseau est le type rapace nocturne adapté au parcours du sol; de plus, il est sociable. On le voit très-souvent descendre à terre, y courir après les insectes et les rongeurs, les guetter et partir de près sous les pieds du chasseur à l'arrêt de son chien. A chaque instant nous le trouvions en forêt, parmi les hautes futaies, caché sous les ronces traînantes où il exerçait son industrie. Il partait alors de près, tandis que nous traversions ces fourrés. Il vole bien en jour, et sa pupille, moins dilatée que celle des espèces précédentes, lui permet de se diriger et d'être presque diurne. Il a l'œil jaune et les pieds emplumés.

Fig. 7. — HIBOU COMMUN.

Il niche dans les nids abandonnés d'écureuils, de pies, de corneilles, de pigeons ramiers. L'hiver, il s'approche des lieux habités, mais sans venir dans les villes.

Passant au *grand-duc*, nous trouvons le moule grandi des rapaces à aigrettes. C'est la plus grande espèce de notre pays. Ce type est assez fort pour faire sa proie des lièvres, lapins et des grands gallinacés sauvages : aussi le voyons-nous, comme l'aigle, gagner les hautes montagnes et les grandes solitudes.

Celui-ci est un ennemi qu'il faut attaquer partout

Fig. 8. — GRAND-DUC.

et détruire, tandis qu'il faut défendre et conserver tous les autres.

Continuons maintenant, un peu au hasard, notre

revue des commensaux des grands bois, et commençons par un voyageur, et par l'un de ceux dont rien ne justifie ni l'arrivée ni le départ.

Le *pinson d'Ardennes* se montre toujours un ami des massifs de pins et de sapins, mais il ne dédaigne point, pour cela, les forêts feuillues et surtout les hautes futaies. Il s'y jette en bandes énormes,

Fig. 9. — PINSON D'ARDENNES.

parfaitement disciplinées, dont tous les membres s'envolent ou s'abattent ensemble et comme au commandement. Plus ils sont nombreux, plus l'hiver sera froid.

Pourquoi cette coïncidence vraie ?

Dès que la température s'adoucit, ils disparaissent.

Où vont-ils ? sur les montagnes ? Rien n'est moins

prouvé. Ce qui leur a fait donner leur nom, c'est que, venant dans nos pays du nord par l'est, ils traversent les Ardennes et semblent ainsi, pour le vulgaire, y avoir pris naissance.

On reconnaît aisément cet oiseau à sa tête noire, à sa gorge rousse toujours et à ses ailes barrées de blanc.

On trouve quelquefois les pinsons d'Ardennes mêlés aux bandes de pinsons ordinaires et vivant en parasites dans nos basses-cours pendant la mauvaise saison.

Ainsi que nous l'avons fait remarquer tout à l'heure, le nombre d'espèces des petits oiseaux est très-limité sous les grands bois; aussi, pour en trouver une seconde à placer à la suite du pinson nomade, il nous faut laisser de côté toute la longue série de ce que l'on nomme — en langue vulgaire — les *petits oiseaux*, dont nous retrouverons les membres dans les chap. II et IV, pour rencontrer, tout à la fin des *sylviens*, et derrière les vraies et les fausses *fauvettes*, le petit groupe très-remarquable des *pouillots*.

Pourquoi ce nom?.... D'où vient-il?... Sans doute de leur misérable petite taille. Les *pouillots*, en effet, sont, avec le roitelet et le troglodyte, les plus petits oiseaux, non-seulement de notre France, mais de l'Europe. Ils se montrent vifs, remuants, légers, vivant en petites familles qui *travaillent* ensemble du matin au soir. Ils ont cela de commun avec les mésanges et les roitelets, et visitent, comme ceux-ci, un arbre branche à branche et feuille à feuille, papillonnant autour de ses feuilles, les retournant, les explorant, la tête en bas et dans toutes les positions possibles. C'est ainsi qu'ils trouvent dessous, dessus, entre les fourches des brindilles, parmi les fissures des branches, les petites chenilles, les larves, les mouches dont ils font leur nourriture exclusive. On pourrait les nommer les *grimpereaux* des branches et des feuilles, car ils se partagent le nettoyage des arbres de futaie, non-seulement avec le grimpereau que nous venons de nommer, mais encore avec la *sitelle :* ces deux derniers ne travaillent que verticalement, — leurs ongles, leurs pattes, leur queue n'étant faits que pour cela, — ils suivent les troncs de bas en haut; arrivés là, ils redescendent en volant au bas du tronc voisin et recommencent.

Ce sont les *pouillots*, les *mésanges* et les *roitelets* que la nature a chargés du nettoyage, de la défense des branches, des brindilles et des feuilles. Il y a cependant cette différence dans la manière dont ces trois espèces s'acquittent de leur besogne, que les deux dernières ne pratiquent l'échenillage qu'en avançant toujours, tandis que le pouillot demeure sédentaire par familles dans le canton qu'il s'est choisi, et en anime la solitude par ses petits cris sans cesse répétés.

Sa voix est douce, flûtée et consiste en un très-aigu sifflottement un peu contenu, qu'il répète sans s'arrêter tant qu'il travaille. Les pouillots — très-voisins des *gobe-mouches* comme habitation, puisque les uns et les autres vivent dans et de la forêt, — ont appris de ceux-ci à saisir les insectes au vol, en s'élançant après eux, et exécutant une gracieuse cabriole au-dessus du feuillage.

Tous les pouillots ont été doués, comme nous l'avons fait remarquer, d'un plumage verdâtre en dessus, et, le plus souvent, jaune en dessous. Cela tient à la même loi providentielle qui a doté l'alouette et la perdrix de leur manteau couleur de terre, le grimpereau de son habit semblable aux écorces, et le lagopède du ton immaculé de la neige au milieu de laquelle il passe sa vie. Il fallait ici cacher aux yeux de l'oiseau de proie, rôdant au-dessus de hautes cimes, le petit travailleur. Ce but est si bien atteint que, maintes fois, d'en bas, il m'était impossible de distinguer au haut des chênes — et j'étais en dessous des feuilles! — les charmants pouillots que j'entendais, que je voyais folâtrer et passer entre les branches, mais qui, par leur prestesse et surtout leur petitesse, défiaient toute attaque de mon fusil. Ils sont si petits, en effet, qu'on devrait les tirer avec de la cendrée; mais à la distance où ils se montrent du sol, la cendrée ne porte plus. Il faut les attendre dans quelque taillis. Hâtons-nous d'ajouter que leur meurtre ne peut être pardonné qu'en faveur de l'étude, car leur corps minuscule et peu chargé de graisse est une bouchée plus que médiocre!

Jamais, en aucune saison, les *pouillots* ne touchent à aucune baie, à aucune graine; ce sont de francs insectivores. Aussi, quand la saison devient trop dure, la faim les force-t-elle à émigrer; mais, d'un autre côté, le nombre des chrysalides, des œufs, des insectes parfaits engourdis par le froid de l'hiver est considérable; c'est ainsi que l'on peut expliquer que, dans le Midi surtout, un certain nombre de ces charmants oiseaux restent sédentaires.

C'est surtout dans les buissons ou très-près de terre que les pouillots établissent leur nid. Parmi les différentes espèces, les unes habitent de préférence les hautes futaies, d'autres les arbres moyens, d'autres enfin les buissons, et nous avons remarqué — fait curieux! — que la position de leurs nids respectifs est inverse de leur station favorite : c'est-à-dire que, plus l'oiseau vit haut, plus son nid est bas, et *vice versa*. Ces nids admirables sont placés au pied d'un buisson, d'un arbuste, sur le revers d'un fossé, dans ou sous une touffe de grandes herbes, et leur forme en boule ovale est parfaite. Sur le côté, se voit ménagée une petite ouverture destinée au passage. Rien que ce mode de nidification sépare les pouillots de toutes les fauvettes vraies ou grimpeuses, lesquelles construisent leur nid *en coupe* plus ou moins profonde.

Au premier rang, nous placerons le *pouillot fitis*,

Fig. 10. — POUILLOT FITIS.

auquel Buffon a donné, nous ne savons en vérité pourquoi, le nom de *chantre*.

Ce petit oiseau, qui n'a pas plus de $0^{m},10$ du bec au bout de la queue, dont le dos est gris vert et le ventre blanc grisâtre, se distingue tout d'abord des sylvains traquet, rossignol, rouge-gorge, etc., par ce fait que, perché, il ne balance point sa queue comme eux. Mais nous sommes forcé d'avouer qu'il ne rappelle en rien la panse rebondie et la joue rubiconde du porte-voix accoutumé des cérémonies religieuses de nos villages! Le bec de l'oisillon, pointé en l'air ainsi qu'une petite aiguille, les plumes jaunes qu'il porte au bas des jambes, impriment à sa per-

Fig. 11. — POUILLOT VÉLOCE.

sonne un aspect particulier, facile à reconnaître. Son nid, en forme de boule, comme celui de tous les pouillots, est fait de feuilles sèches et généralement posé au pied d'un buisson ou sur le revers d'un fossé. La femelle y pond 5 ou 6 œufs, fort gros comparativement à sa petite taille.

Le *fitis* est, pour nous, un véritable ami, qui nous

quitte toujours trop tôt. En effet, de passage en France, il n'y reste que depuis le mois d'avril jusqu'à la fin d'août; mais, plus la saison s'avance, plus il se rapproche de nos jardins et quitte les hautes futaies.

Après celui-ci, vient le *pouillot véloce*, appelé aussi *fauvette collibyte*. Encore un ami, un insectivore intrépide, qui veut bien nous faire tous les ans une visite de cinq ou six mois. Cependant, en Provence, quelques individus de cette espèce passent l'hiver près des endroits humides, où ils continuent à chasser les moucherons. Le *véloce* se distingue du *fitis* par son ventre plus jaune et par son nid, dont l'extérieur est garni de mousse, ce qui n'arrive jamais chez le pouillot fitis. Nous avons trouvé un de ces nids, placé entre 5 ou 6 brins de joncs et de carex dans un endroit humide, presque ras terre, et composé d'une masse d'herbes et de feuilles sèches. Sa forme était celle d'une boule

Fig. 12. — POUILLOT SIFFLEUR.

oblongue verticalement, de $0^m,18$ de haut, sur $0^m,11$ ou $0^m,12$ de large. L'ouverture, placée plus haut que la moitié du nid, était assez grande; l'intérieur se montrait garni de plumes.

Le *pouillot siffleur* ou *sylvicole* se distingue des deux autres par le dessous de sa queue, qui est *blanc nacré*. L'oiseau est d'ailleurs un peu plus grand que ceux que nous venons d'étudier, et reste moins longtemps dans nos pays. Il niche également à terre, dans la mousse ou sous les feuilles.

Enfin, le *pouillot bonelli* ou *natterer* ressemble beaucoup au *siffleur*, mais a les ailes plus courtes. Son nid et ses œufs sont très-difficiles à distinguer de ceux du *siffleur*.

A la suite des *pouillots*, se montre à nous un insectivore aussi parfait qu'eux et dont nous avons déjà dit un mot en comparant leurs mœurs. C'est le *roitelet*, qu'il est facile de reconnaître toujours, sinon à sa huppe d'or sur un manteau sombre noir et brun, au moins aux plumes qui recouvrent ses narines. Le roitelet est un véritable moule de transition entre les pouillots et les mésanges que nous verrons tout à l'heure. Les mœurs des uns et des autres sont identiques. Tous vivent par petites familles, s'appelant sans cesse d'un cri aigu, strident, voletant d'arbre en arbre, de cépée en cépée, dans une direction constante, dont ils n'ont pas l'air d'avoir conscience, mais qui est si bien déterminée par le *sens* spécial de la migration, qu'en forêt je savais parfaitement par quelle lisière les roitelets entreraient à l'automne, et, durant l'hiver, lorsque je voulais m'en procurer pour étudier le contenu de leur estomac, je savais qu'à telle vallée, entre deux collines, je les verrais infailliblement, au bout de quelques heures, apparaître autour de moi.

Par l'habitude qu'ils ont de se cramponner aux branches, aux plus minces brindilles, d'inspecter une à une les aiguilles des arbres à feuilles persistantes, — leur providence! — les roitelets rappellent tout à la fois les mésanges, avec lesquelles leur cri les ferait facilement confondre, s'il n'était plus doux et plus harmonieux. Très-vifs, très-agiles, toujours en mouvement, ils ne paraissent pas sensibles au froid le plus dur, et, par une gelée de 8 à 10 degrés, je les voyais tout aussi gais et aussi affairés à chercher les xylophages engourdis entre les écorces ou sous quelques brins de mousse parasite.

Nous possédons, en France, deux roitelets différents, tous deux aussi petits l'un que l'autre, tous deux revêtus d'une sombre livrée brune plus ou moins rousse ou verdâtre. Le premier est le *roitelet huppé*, celui dont la tête porte une couronne d'or; puis le *roitelet à triple bandeau*, qui, outre sa couronne d'or, porte deux bandes blanches sur les joues. Rien n'est plus charmant que la prestance de cet oiseau miniature; il a l'air d'un petit masque: on dirait Scapin qui s'est fait des moustaches avec de la craie!

Nos deux roitelets sont des amis des pins et des sapins: c'est là qu'ils font leur nid, leur chef-

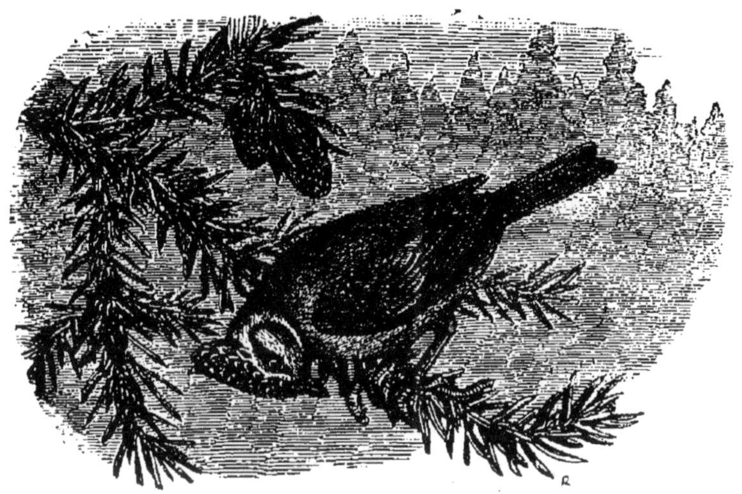

Fig. 13. — ROITELET HUPPÉ.

d'œuvre: une boule de mousse énorme dans laquelle on entre par un petit trou laissé ou pratiqué vers le dessus. Au dedans un douillet matelas de plumes, de duvet, de toiles d'araignées sur lequel reposent quelquefois onze œufs! Que voulez-vous! Les grandes familles sont l'apanage et le bonheur des petits gens!...

Rien n'est moins craintif, moins défiant que ce charmant oisillon toujours de bonne humeur. L'automne dernier, aux environs de Paris, une famille de *roitelets à bandeau* mit deux ou trois jours à visiter du haut en bas et feuille par feuille les arbres verts de mon jardin. Il faut croire que ces arbres étaient terriblement malades ! Pour me faire niche, — question d'insectes à leur persécuteur ! — il faut penser que toutes les bêtes nuisibles de la création s'étaient donné rendez-vous dans mon modeste enclos....

Bref! tous les matins, de bonne heure, je venais inspecter le travail de mes échenilleurs volontaires, mais non-patentés; la besogne s'enlevait de grand cœur et en chantant. Or quelques-uns, des jeunes sans doute, des enfants sans expérience, quittaient de temps à autre les grands *épicéas* pour descendre dans des buissons de lilas placés au-dessous, et où ils pensaient probablement que leur présence était opportune... Là, ils étaient à ma portée, à un mètre de mon corps, sans montrer la moindre inquiétude. J'avançai le bras dans le buisson, parmi les branches, j'approchai la main de 20 ou 30 centimètres, tandis qu'ils ne témoignaient aucune crainte et me regardaient de leurs grands yeux noirs si éveillés !

Pauvres et charmants roitelets !

Leur besogne faite, ils passèrent chez le voisin et je ne les revis plus....

Quelques chiffres vont vous donner la mesure des services que nous pouvons attendre de ce charmant petit oiseau. En captivité, le roitelet mangerait 1 millier de larves de fourmis par jour ; à l'état de liberté, ne les trouvant pas, il se rabat sur les œufs de papillon, les pucerons et les petites chenilles, qu'il rencontre plus facilement. Mais 20,000 œufs de papillons, autant de pucerons ne pèsent pas plus de 15 grammes. Chaque roitelet consomme donc annuellement au delà de 3 1/2 millions de ces œufs de papillons, etc. Il choisit précisément, dans chaque saison, les insectes qui sont les plus fréquents et les plus accessibles. De l'automne au printemps, comme les pucerons et les chenilles manquent, il se nourrit principalement d'insectes et de larves qui restent attachés à nos arbres et à nos buissons.

Buffon donne au *roitelet à triple bandeau* le nom de *poul* et de *souci :* cette espèce est moins féconde que le *huppé;* elle ne pond que sept œufs, au maximum. Elle semble préférer les buissons et taillis aux arbres de futaie et se montre vers le commencement d'octobre, c'est-à-dire plus tôt que l'autre, qu'elle précède d'une vingtaine de jours.

Les roitelets nous amènent tout naturellement au type *mésange.* Ici nous voyons se renouveler ce que nous signalerons fréquemment dans cet ouvrage, c'est-à-dire l'adaptation d'un même moule aux diverses circonstances de la nature extérieure, et, par conséquent, des modifications successives dont la cause est extrêmement peu connue encore et très-difficile à étudier. Les *mésanges* sont beaucoup moins insectivores que les *pouillots* et les *roitelets*. Non-seulement elles sont granivores et frugivores au besoin; mais leur bec court, entier, solide, pointu, leur permet de tout attaquer, et elles sont positivement *omnivores*. Aussi trouverons-nous la mésange par toute la campagne, non-seulement sous les grands bois, mais dans les taillis, les bosquets, les haies, les arbres fruitiers des champs, les vergers, les jardins, sur les rives des eaux... Partout où s'étend une branche pour la supporter, vous verrez accourir la mésange passer son inspection; mais vous ne la trouverez que rarement à terre. Elle n'est plus là dans son domaine !

Les mésanges sont douées d'un caractère peu aimable. Quoique sociables, — ou parce que, qui sait ? — puisqu'elles vivent toujours par petits clans ou familles de dix à vingt individus, elles sont querelleuses, cruelles et acariâtres. Nous les rencontrerons aussi bien sur les coteaux arides que dans les plaines basses et humides, pourvu que des buissons quelconques leur permettent de percher, de se suspendre la tête en bas, dans toutes les positions, pour cueillir les œufs de papillon attachés aux branches, les insectes et les chrysalides engourdis par le froid. Cette chasse semble si active, si impérieusement commandée par la digestion d'un estomac de feu, qu'en général ces petits oiseaux ne savent pas faire un nid proprement dit, ou peut-être n'en ont pas le temps. Ils choisissent, pour nicher, le trou d'un arbre creux qu'ils emplissent de mousse, quelquefois le nid abandonné d'un écureuil ou d'un loir. Et cependant, — rapprochement singulier! contradiction bizarre! — c'est au milieu d'eux que nous découvrons le plus merveilleux nidificateur de notre pays, le tisserand incomparable.... Nous avons nommé la *mésange penduline.*

Le plus fort type de ces utiles nettoyeurs des arbres est la *mésange charbonnière*, appelée, en certains endroits, *serrurier* et *manzingue*. Elle est facile à reconnaître à sa forme trapue et vigoureuse, et surtout à sa tête et à son plastron noirs. Sédentaire sous nos climats moyens, cette mésange marque plusieurs stations suivant les saisons. Elle passe le printemps et l'été dans les grands bois; puis, en hiver, elle se rapproche des jardins, des vergers, et même des cours de la ferme. En général, elle aime les lieux élevés et arides, et se rassemble en troupes dans le creux des arbres pour y passer

Fig. 14 à 17.

MÉSANGE PETITE CHARBONNIÈRE. MÉSANGE A LONGUE QUEUE.

MÉSANGE GRANDE CHARBONNIÈRE. MÉSANGE BLEUE.

la nuit. Méchante et hargneuse au suprême degré, la *charbonnière* poursuit et tue, — si elle peut les atteindre, — les petits oiseaux qui viennent dans son voisinage. Son chant est assez agréable; mais quand on la taquine ou qu'il va pleuvoir, elle fait entendre un grincement particulier, qui lui a valu le nom de *serrurier*, sans doute parce qu'il rappelle beaucoup le bruit harmonieux de la lime sur le fer.

La *charbonnière* niche donc dans les trous d'arbres ou de murailles; elle choisit souvent, dans ce but, les maisons isolées ou les cabanes des charbonniers en forêt; c'est de là, — peut-être, — que lui est venu son nom.... Quoi qu'il en soit, on peut dire avec beaucoup plus de raison qu'elle fait son nid partout où elle trouve un endroit à sa convenance, sans beaucoup s'inquiéter du voisinage.

Voici quelques exemples singuliers de son sans-façon.

A l'entrée du château de Saint-Félix, près Mure (Haute-Garonne), il y avait deux lions en terre cuite, creux, dont l'un avait un trou de $0^m,03$ à $0^m,04$ dans l'oreille. Un couple de mésanges charbonnières plaça son nid dans la tête du lion: les oiseaux entraient et sortaient par l'oreille. C'était très-commode....

Près de Saint-Bertrand, même département, les oiseaux de proie n'avaient laissé d'un renard que les os et les poils. Un couple de charbonnières fabriqua entièrement son nid avec ce poil. Le nid avait l'air d'une coupe assez déprimée, et exhalait l'odeur particulière des poils du renard. Cela semblait tout naturel au petit oiseau....

La *mésange noire* ou *petite charbonnière* n'est qu'un diminutif, un moule réduit, du *serrurier*. Elle s'en distingue d'abord par sa taille plus petite, puis par une tache blanche sur la nuque et par deux bandes de la même couleur sur l'aile. Sédentaire aussi dans notre pays, elle possède, à peu près, les mêmes mœurs que la *grande charbonnière;* seulement elle est plus sauvage et ne quitte guère les grands bois, où elle échenille sans relâche. On la trouve quelquefois, mais rarement, dans les taillis en compagnie des roitelets, qui semblent l'avoir entraînée, et avec lesquels elle vit en bonne intelligence. Les lieux qu'elle semble préférer sont les forêts de conifères, où elle rend d'incalculables services, en détruisant une immense quantité d'œufs de lépidoptères ravageurs et quelques coléoptères xylophages.

Quoique moins querelleuse que la grande charbonnière, la *mésange noire* sait, à l'occasion, faire preuve d'un grand courage, et défendre ses œufs et ses petits jusqu'à la mort. Elle niche le plus souvent dans les trous des arbres et dans les fentes des murs ou des rochers, là où elle rencontre le moins

6

d'ouvrage à faire. Elle n'a guère de temps à dépenser....

La *mésange bleue,* ou *mésigue,* est la plus familière de toutes les mésanges, mais en même temps elle en est bien la plus cruelle et la plus hargneuse, attaquant et dévorant non-seulement les autres petits oiseaux, mais même les individus faibles ou malades de sa propre espèce. Maintes fois nous l'avons vue, en plein jour, se joignant à une compagnie de roitelets, attaquer et mettre en fuite des chouettes égarées parmi les champs ou les vergers. Dans nos jardins et nos pépinières, — son habitation de prédilection, et où elle bâtit même son nid, — elle ne se montre pas plus farouche que le moineau : cepcndant elle s'éloigne au moment des grandes chaleurs et va passer l'été dans les taillis et les futaies.

On la reconnaît facilement à sa tête et au dessus de ses ailes bleu azuré, à son front et à ses joues blanches, et au cercle bleu foncé, entouré de blanc, qui termine son cou. Le mâle porte une ligne noir bleu sur la poitrine. En hiver, on trouve la *mésange bleue* en compagnie de la *charbonnière* et, nous l'avons dit, des *roitelets.* Son nid, presque exclusivement formé de mousse, est placé dans un trou de mur; il est un peu mieux fait que celui des espèces précédentes; la femelle défend courageusement ses petits.

Utile, utile, utile!!.... Quelques chiffres vont en donner la preuve.

La *mésange bleue* mange par jour, d'après sa conduite en captivité, 15 grammes d'œufs de papillons, ce qui fait 20,000 Nonnes, par exemple. Son besoin annuel doit donc s'élever à 6 1/2 millions de ces papillons ou à une quantité correspondante en poids de pucerons et de chenilles. Chaque couple donne en deux portées de 14 à 16 petits, dont l'entretien n'exige que la moitié de la ration de leurs parents. Il en résulte qu'une seule famille de mésanges fait une consommation de 24 millions d'insectes.

La *mésange huppée*, qui se distingue au premier coup d'œil des autres espèces par la huppe noire grivelée qui orne sa tête, et qu'elle dresse à chaque instant, est encore une amie des bois de conifères, et surtout des lieux où le genévrier est abondant. On dit qu'elle recherche les baies et les graines résineuses — c'est possible, quoique nous n'en ayons pas la preuve directe; — mais les dégâts qu'elle cause ainsi sont largement compensés par l'immense quantité d'insectes nuisibles qu'elle détruit. Extrêmement sauvage et défiante, elle ne vit point en troupes comme les espèces que nous venons d'étudier, et se montre aussi paresseuse que farouche. C'est elle surtout qui va nicher le plus souvent dans les nids abandonnés d'écureuil, et aussi, dit-on, dans ceux de la pie.... Ces derniers nous semblent situés bien haut pour une mésange!....

Ce qui distingue surtout la *mésange huppée* des espèces précédentes, c'est qu'elle sait prendre les insectes *au vol,* présentant ainsi le premier passage de mœurs entre les insectivores grimpants et les insectivores volants, ou *gobe-mouches*, dont le nom peint si parfaitement les mœurs.

Fig. 18. — GOBE-MOUCHE A COLLIER.

Les *gobe-mouches,* — aussi *bec-figues,* — sont, comme les précédents, des commensaux de nos hautes futaies. Cependant nous trouverons plus loin, aux *habitants des lisières* (chap. II), quelques considérations générales sur les mœurs de ces intéressants oiseaux, et nous n'en conserverons ici, comme spéciale aux *grands bois*, qu'une seule espèce, le *gobe-mouches à collier:* celui auquel on donne, en Lorraine, le nom spécial et de haute renommée culinaire, de *bec-figue*.

Noir, comme ses camarades des autres espèces de lisières, ce *gobe-mouche* est distingué par son collier blanc pur : ses ailes, son front portent, en outre, une tache de même couleur, et cet assemblage de noir et de blanc sur tout le plumage fait du *gobe-mouche bec-figue* un des plus singuliers oiseaux de notre pays. On dirait un diablotin dans les feuilles, gambadant à la cime des plus grands arbres, d'où il ne descend jamais. Il fait d'habitude son nid dans les trous des arbres mêmes sur lesquels il passe sa vie.

Comme insectivore absolu, c'est un grand ami du forestier ! Et nous ne pouvons nous empêcher de faire remarquer ici combien une surveillance incessante et intelligente, permettant de détruire les loirs, écureuils, fouines, martres, putois, tous rongeurs ou carnassiers grimpant dans les arbres et y dévorant les couvées de presque toutes les espèces que nous venons de citer, augmenterait les bienfaits que la présence de ces infatigables travailleurs apporte à nos bois !

Si ces pauvres petits échenilleurs ne savent pa défendre leur couvée, et souvent même paient de leur vie les efforts qu'ils font dans ce sens, il n'en est pas de même du *coucou gris*, ce chanteur monotone que nous entendons dès le premier printemps sous les grands bois. Lui se montre, dès l'abord, un animal vif et alerte, bon voilier. Combien de fois, au sein de sombres futaies, sous les interminables files de hauts chênes ou parmi les grands hêtres touffus, n'avons-nous pas pris son vol pour celui d'un oiseau de proie!... Sa longue queue arrondie, ses ailes pointues, sifflantes, son corps svelte, effilé, sa couleur même, sa silencieuse apparition, tout rappelle la buse ou le faucon. — Point! C'est un mangeur de chenilles poilues qui passe!!...

A ce titre, il est un des amis les plus utiles au forestier et, par extension, au cultivateur; car, s'il aime les grandes forêts tranquilles et écartées, il ne dédaigne pas, en certains moments, de battre la campagne et de venir rôder même au milieu des arbres fruitiers et des vergers. Il est vrai que dans ces endroits il ne fait jamais entendre son appel sonore: il vole muet entre les arbres, farouche, défiant, fuyant l'homme, qui le juge tout autre oiseau qu'un coucou, dont il entendra, quelques minutes plus tard, l'appel à un kilomètre dans la forêt.

Un dicton populaire, qui s'applique au coucou, dit:

> Trois jours en *mars*, trois jours en *avrî*,
> On sait si l'coucou est mort ou en vie.

Et, en effet, cet oiseau fait son apparition dans notre pays au mois d'avril; dès son arrivée, le mâle,

Fig. 19. — COUCOU.

— l'un de nos oiseaux les plus printaniers, — se cantonne, choisit un espace limité de forêt dans lequel il restera tout l'été, et y attend les femelles, qu'il appelle par les deux notes mélancoliques que tout le monde connaît. Les femelles, au contraire des mâles sédentaires, sont errantes et en beaucoup plus petit nombre qu'eux. De plus, elles ne pondent qu'un œuf après chaque rencontre, tandis que l'union des autres oiseaux de nos pays suffit pour que la couvée soit complète et composée de plusieurs œufs.

La femelle ayant donc un œuf prêt à pondre, cherche un nid tout fait pour le déposer : comme son espèce est absolument insectivore, elle s'adresse à des espèces douées de goûts semblables, et généralement elle emprunte les soins de petits oiseaux amis des haies, et non des grands bois où elle-même habite. Ainsi l'œuf du coucou se rencontre surtout dans les nids, *en coupe* ou *en boule*, des espèces suivantes : *fauvettes*, *accenteurs* ou *traîne-buissons*, *pouillots*, *pipis*, *rouge-gorges*, *traquets*, etc.

L'œuf est pondu à terre, sur la mousse, au pied d'un arbre : il est remarquablement petit pour un oiseau dont la taille rappelle celle de la tourterelle, et, d'autre part, le bec du coucou est très-fendu et énormément dilatable. Aussi la femelle prend-elle son œuf dans son bec et le porte-t-elle ainsi dans le nid qu'elle a choisi d'avance ou qu'elle rencontre en volant le long des haies, chargée de son précieux fardeau. Aussitôt l'œuf bien placé, la femelle change de canton, rencontre un autre mâle, et la même opération recommence : il est très-rare que l'on trouve deux œufs de coucou dans le même nid.

La ponte est ainsi de 5 ou 6 œufs par femelle ; par conséquent elle demande un temps assez long, et l'oiseau, doué d'une organisation aussi bizarre, est incapable de s'occuper d'un nid. Telle est la vraie cause des mœurs qui ont si longtemps intrigué les observateurs.

Une fois le petit coucou éclos, il jette hors du nid les compagnons dont il occupe la demeure, et reste seul à la charge des deux petits oiseaux chez lesquels sa mère l'a déposé. C'est donc une erreur d'accuser le coucou femelle de manger les œufs avant de déposer le sien propre dans le nid étranger.

C'est d'ailleurs merveille de voir les soins donnés par les petits oiseaux à cet intrus qu'ils considèrent comme leur enfant. « Un jeune coucou, dit Franklin, avit été couvé dans le nid d'une bergeronnette établi dans une touffe de lierre, sur le mur qui avoisine ma maison. Il fallait les efforts combinés du père et de la mère, et cela du matin jusqu'au soir, pour satisfaire la gloutonnerie de cet enfant supposé. Lorsque le jeune coucou eut atteint toute sa grosseur, il apparut dans le nid de la bergeronnette comme un géant dans une chaloupe. Avant qu'il fût capable de voler, on le prit et on le mit dans une cage. Dans cette nouvelle situation, les parents putatifs continuèrent de le nourrir. Un jour il réussit à s'échapper de la cage, et alla fixer son domicile sur un grand orme, près de ma maison. J'observai que les bergeronnettes lui portèrent encore sa nourriture avec la même assiduité, et cela pendant au moins une quinzaine. Ce coucou était très-batailleur; il frappait des ailes et ouvrait son bec avec colère, quand j'approchais la main. »

Au point de vue qui nous occupe, les coucous sont des animaux d'autant plus utiles qu'ils sont *les seuls* qui osent s'attaquer aux chenilles poilues si pernicieuses en forêt, et qu'ils ont l'estomac assez robuste pour en faire presque exclusivement leur nourriture, alors que tous les autres insectivores renoncent à y toucher. Nous n'avons, d'ailleurs, nul besoin de recommander la conservation de ce précieux oiseau : il est trop fin pour se laisser atteindre : il se défend bien tout seul !...

Sur les confins du pays imaginaire qui sépare *les rapaces* — ou *oiseaux de proie,* — des *passereaux* — ou oiseaux qui ne sont ni *rapaces*, ni *grimpeurs*, ni *gallinacés*, ni *échassiers*, ni *palmipèdes*, — on est bien obligé de classer les *corbinés* ou *corbeaux*, c'est-à-dire les plus gros et les plus forts de tous les passereaux. Ce rapprochement est d'autant plus naturel que l'énorme bec de ces oiseaux porte des bords tranchants et souvent une dent ou échancrure vers la pointe, et que si la forme de l'animal présente un contraste grotesque avec ceux qui le précèdent, du moins ses appétits et ses mœurs sont plus ressemblants que son corps.

La mode actuelle, — je dis ces quelques mots pour les naturalistes, — est de dédoubler les genres et les espèces, puis de les faire monter d'un cran dans la nomenclature. A notre sens, il conviendrait beaucoup mieux de dédoubler les ordres et les familles, *par en haut* et non par en bas. Certes, dans ce cas, l'ordre des *corbinés* serait aussi légitime que celui des *grimpeurs*, et, comme le nombre des ordres est très-restreint, il y aurait peu d'inconvénients à l'augmenter, tandis qu'on fait précisément l'inverse à propos des genres et des espèces.

Ceci dit, — comme digression, — reprenons nos corbeaux laissés un instant en route.

Le *corbeau vrai* ou *grand corbeau* est un animal des grands bois, où il vit seul et par couples dans le temps de la nidification. Sa taille est énorme, — 0m,03 seulement de moins que celle de l'aigle, — et son bec robuste, bombé, à bouts coupants, arqué, lui permet d'attaquer toutes les proies et de s'en rendre maître, comme s'il était oiseau vrai de rapine. Aussi sa vie se passe-t-elle à chasser, d'autant plus facilement que quand la force lui manque, il sait fort bien recourir à la ruse pour arriver à ses fins.

Donnons-en un exemple. Un corbeau, vivant en

Fig. 20. — CORBEAU.

domesticité, avait été mis en cage pour quelques méfaits, — jeunes poulets dévorés malgré défense expresse; — son incarcération ne réussit pas à diminuer son goût pour la volaille, au contraire, et maître corbeau sut trouver le moyen de se la procurer. A force de patience et de coups de bec, il parvint à creuser un petit trou au bas de sa cage. Alors, passant par cette ouverture l'extrémité de son bec amorcée avec un petit morceau de viande, il attendait. Les jeunes poussins, sans défiance, alléchés par ce friand morceau de chair, s'approchaient dans l'espoir de faire bombance... Mais tout à coup, lorsqu'il les jugeait à portée, maître corbeau ouvrait son large bec et les mangeait sans autre forme de procès... La ruse de nouveau découverte, le coupable fut soumis à une captivité plus étroite; mais on pouvait voir, à son attitude méditative, qu'il ne renonçait point à l'espoir d'inventer un nouveau tour pour se procurer son régal favori.

Doué d'ailes puissantes, le corbeau plane en tournoyant au-dessus des clairières, et combien de fois ne l'avons-nous pas contemplé parmi les hautes futaies, au faîte d'un arbre mort, se reposant de la fatigue d'une digestion pénible.

C'est ce corbeau qui se reproduit et demeure sédentaire dans nos grandes forêts des Vosges, de l'Ardenne, de la Lorraine et de l'Est; il se tient également dans le Bourbonnais, le Dauphiné, l'Anjou, la Provence, les Alpes. Il ne redoute pas les montagnes, au contraire, il y trouve une proie facile parmi les animaux qui meurent à découvert...

Car, il ne faut pas se le dissimuler, quoique le

grand corbeau attaque très-bien les levrauts, perdreaux, faisans, faons de chevreuil et autres petits quadrupèdes, et en vienne facilement à bout, il préfère encore la besogne toute faite... C'est lui qui sait retrouver le sanglier blessé devenu charogne, le loup frappé qui va périr au loin: toute chair en putréfaction l'attire, dans les champs comme dans les bois, et il vient s'en gorger avec avidité. Omnivore, mais préférant la chair à toute autre nourriture, le grand corbeau est aussi nuisible qu'utile, quoiqu'il débarrasse volontiers les bords de l'eau des poissons morts qui y échouent, et qu'il happe les gros insectes pour lesquels il ouvre le bec... alors qu'il a faim.

Assimilation curieuse pour un *passereau:* le corbeau possède la même faculté que les véritables *rapaces*, de rejeter en petites pelotes oblongues les substances non digestibles telles que: poils, os, plumes des proies qu'il a dévorées.

Adulte, la chair de cet oiseau présente un goût et une odeur détestables: pris au nid, — il a la taille d'un jeune poulet, — nous en avons souvent mangé en Bourgogne, et la chair, blanche et tendre, ne se distingue pas de celle d'une jeune volaille; mais il faut ôter la peau, qui est noire. Réduit en domesticité, le corbeau se défend contre tous les animaux et se montre souvent méchant, voleur, pillard et gourmand : gare les jeunes couvées de poulets et de canards! ordinairement il n'en laisse pas un seul!

La marche de cet oiseau, — noir complet à reflets violets et pourpres en dessus, verts en dessous, — est grave et gracieuse, balancée quand il ne se sauve

Fig. 21. — CASSE-NOIX.

pas, car alors il exécute des sauts précipités fort disgracieux. Ses cris sont rauques et désagréables, comme ceux de tous les membres de sa famille que nous sommes obligé de reporter aux *habitants des champs* (II, 5).

Le *casse-noix moucheté* vit sur les montagnes

peuplées de grands bois résineux, et l'on prétend qu'il perce les écorces des arbres, comme les pics, pour extraire les insectes dont il se nourrit. Sous ce rapport, il serait utile, et, quoiqu'il mange les noix, noisettes, comme il y joint les glands, les semences de cônes et de baies, il est probable qu'il aide au repeuplement naturel de certaines essences. On ne sait pourquoi, à intervalles égaux, tous les six ou neuf ans, il descend dans les plaines en troupes, et, dans ce cas, il devient nuisible en ravageant les noyers.

Le *dur-bec vulgaire* est encore un oiseau des grands bois de pins et de sapins, où il vit presque exclusivement de semences résineuses. Rare en France, on le reconnaît à sa taille égale à celle des *pies-grièches*, à son bec fort, à sa grosse tête, à son plumage rose ou gris suivant les sexes, et à ses deux bandes blanches sur l'aile. En somme, un bel oiseau, mais aussi bête que le *bouvreuil* et les *becs-croisés*, que nous allons voir à sa suite.

Les *becs-croisés* qui, adultes, atteignent la grosseur du merle, peuvent être considérés comme les véritables perroquets de notre pays. Leur forme, leur manière de grimper en s'aidant du bec, leur habileté à se servir de leurs pattes pour manger les fruits qu'ils cueillent, ne laissent aucun doute à cet égard. On les reconnaît, du premier coup d'œil, à leur plumage rouge brique sur le dessus et le dessous du corps, blanc gris sur le ventre, noir bordé de vert et de rouge sur les grandes plumes de l'aile et de la queue. Les femelles ont le dos gris. On rencontre les *becs-croisés* sur les pins et les sapins, dont ils mangent les semences, et leur nid, situé à

Fig. 22. — BEC CROISÉ.

l'extrémité des arbres, est très-artistement construit en mousse, aiguilles de pins et lichens; la femelle y dépose 3 ou 4 œufs presque ronds, d'un gris blanchâtre, taché et rayé de rouge au gros bout.

Ces oiseaux sont stupides et sans défiance. Ils se

laissent approcher si facilement que certains chasseurs en ont tué avec une baguette. Les coups de fusil même ne les font pas fuir, et quand on en a tiré un, au haut d'un grand pin, et que les branches ou les feuilles ont empêché le plomb de porter jusqu'à lui, on peut recommencer sans que les autres individus de la même bande prennent l'alarme. Leur chair a un goût de résine ou de térébenthine qui ne plaît pas à tout le monde.

L'époque de la nidification du bec-croisé est très-remarquable. Elle s'étend, au plus profond de l'hiver, de décembre à avril. Cet oiseau étant, dans beaucoup de pays, l'objet de superstitions ridicules, les bûcherons respectent son nid.

Mis en cage, le *bec-croisé* y vit facilement trois ou quatre ans sans paraître regretter sa liberté. On le nourrit de chènevis et autres grains, de fruits, etc. Il devient omnivore, s'assimilant de plus en plus à son type, le perroquet, dont il prend naturellement bien davantage les manières dans sa prison et dont il contracte même les *maladies* (Bechstein).

Outre le *bec-croisé ordinaire*, on rencontre de temps en temps parmi les petites bandes qui fréquentent nos pineraies, quelques individus d'une autre espèce : le *bec-croisé perroquet*, dont le bec, plus court, plus bombé, la mandibule inférieure moins crochue, forment un ensemble qui rappelle mieux encore l'oiseau auquel nous le comparons, et lui donnent son nom. A cela près, la couleur générale est presque la même que celle du bec-croisé ordinaire; il est un peu plus grand; ses ailes sont plus foncées et bordées *seulement de rouge* à l'extérieur des pennes.

Quelques auteurs ont révoqué en doute la faculté qu'aurait le bec-croisé de se servir de ses pattes, comme le perroquet, pour porter à son bec les fruits qu'il déchiquette; pour nous, le fait est parfaitement probable du moment où nous avons vu l'oiseau se servir de son bec pour grimper en s'accrochant aux écorces et aux brindilles; il a même cette marche tortueuse et contournée du perroquet, qui suit une branche en long, au lieu de la prendre en travers. Dans les vergers du Perche, il saisit les pommes et les fend pour en manger les pepins, et fait ainsi un tort considérable.

A détruire! Heureusement cela n'est pas bien difficile. En quelques saisons, si on le voulait bien, et si les autres pays ne nous en envoyaient point par émigration, l'espèce aurait disparu de la France. Il suffit de le vouloir.

Ces curieux dévastateurs de nos pineraies nous amènent au *gros-bec*, encore un habitant des forêts et des bois, mais surtout *des vergers*, où il fait beaucoup de tort (voy. III, 7). Puis nous abandonnons les hôtes des arbres pour jeter un coup d'œil sur la population des clairières, des landes, des bruyères, des endroits désolés des hautes montagnes et des grandes forêts. C'est là que nous rencontrons le *grand coq de bruyère* ou *tetras urogalle*, un survivant à grand'peine des populations

Fig. 23. — COQ DE BRUYÈRE.

de sa race qui emplissaient autrefois les immenses solitudes de nos contrées montagneuses. Au point de vue utilitaire qui nous occupe, nous avons peu de chose à dire de ces beaux animaux, car ils ne peuvent faire, aux endroits qu'ils fréquentent, que des dégâts insignifiants, quoiqu'ils mêlent une assez grande quantité de bourgeons de pins et de sapins aux graines, baies sauvages, vers et insectes qu'ils récoltent.

Malheureusement, la race de ce magnifique oiseau va chaque jour s'éteignant dans nos contrées désormais trop peuplées. Il faut, à ces grandes espèces défiantes et farouches, des espaces non fréquentés par l'homme : il leur faut le silence et le repos des solitudes.... Nos forêts, même les plus âpres et les plus accidentées, n'ont plus cela. Le bûcheron les parcourt de nuit comme de jour : les nettoiements forestiers vont enlever les fourrés et les forts sous les jeunes bois dont ils aident ainsi la croissance....

> Le bois est sans mystère,
> Et la forêt *devient* sans voix!

Que peut faire le pauvre urogalle?.... Il meurt, il disparaît peu à peu, assassiné par les braconniers, étranglé par le mauvais roquet du charbonnier de la coupe voisine....

A peine si les Vosges, le Jura, le mont Dore. les Pyrénées en contiennent encore quelques familles : dans cent ans, tout aura disparu !

Les mêmes forêts et quelques autres moins importantes renferment — surtout dans le Nord et l'Est de la France — une espèce plus petite appartenant à la même famille. C'est le *petit coq de bruyère*, *coq à queue fourchue* ou *tétras lyre*, car il porte tous ces noms. Noir, comme le grand coq, mais moitié plus petit, il se reconnaît de suite à sa queue en lyre ouverte. Chez les deux espèces, les femelles sont plus petites que les mâles et couvertes d'un plumage gris, roux, rayé de noir et de blanc.

Même nourriture, mêmes mœurs farouches que le grand coq; meilleure chair.

Destiné à disparaître comme son chef de file, dans un avenir également prochain, à moins que, pour les deux espèces, l'acclimatation ou la domesticité ne devienne leur arche de salut. Ce beau résultat à atteindre devrait bien tenter nos expérimentateurs; mais, hélas! de nombreux déboires, de longs insuccès les attendent, il ne faut pas le leur dissimuler.

Fig. 24. — COQ DE BRUYÈRE ou TÉTRAS LYRE

Ce ne serait cependant pas une raison pour abandonner la partie sans avoir combattu!

Il nous reste — pour avoir passé en revue nos meilleurs gallinacés forestiers — à dire quelques mots de la *gélinotte*, aussi un tétras, mais de moule encore plus réduit que le précédent. La taille de cet oiseau est celle d'une petite perdrix bartavelle ; mais la couleur est plus nuancée et la queue porte, au bout, une large bande noire, et la gorge une tache noire et blanche, l'une encadrant l'autre.

La *gélinotte* est également un habitant des grands bois de sapins, de pins, de bouleaux de nos montagnes. Elle est assez abondante dans les forêts du Dauphiné, de la Savoie, des Vosges, des Alpes et des Pyrénées. Elle aime le Midi, et se montre déjà beaucoup plus rare en Auvergne et dans les Ardennes.

Fig. 25. — GÉLINOTTE.

La nourriture de ce beau gibier se compose de baies de myrtilles, de framboisiers, de ronces, de sorbiers ; elle coupe aussi les bourgeons de pins, de sapins, de bouleaux, et ne dédaigne pas les insectes, larves et graines qu'elle rencontre.

En somme, indifférente, plus par son petit nombre que par ses mœurs, et rachetant ses dégâts par une chair exquise, la gélinotte — gibier inconnu aux neuf dixièmes des chasseurs! — ferme pour nous la série des oiseaux utiles et nuisibles des hautes futaies et des massifs de grands bois.

Nous pouvons résumer notre revue en ces quelques mots :

Presque tous à favoriser.

Quelques rares espèces à détruire.

CHAPITRE II.

HABITANTS DES LISIÈRES ET DES BOSQUETS.

Les rapaces diurnes et nocturnes sont représentés sur les lisières par quelques espèces, parmi lesquelles nous trouvons d'abord le *circaète Jean-le-Blanc*, brun cendré en dessus, blanc en dessous, aux longues jambes nues. Il niche sur les arbres élevés; mais quand il n'en trouve pas, il descend son nid dans les taillis et même dans les broussailles.

Sa vie se passe sur la lisière des bois, surtout au bord des boqueteaux, taillis ou garennes au milieu des plaines. Lâche comme la *buse* — qui en est une sorte de moule réduit — il fuit devant les pies réunies contre lui. L'hiver, il rôde près des habitations pour enlever les oiseaux de basse-cour, dont il fait, en cette saison, sa principale nourriture, sans compter le gibier, plume et poil, qu'il peut saisir. Pendant l'été et l'automne, il abandonne ces endroits pour les marais et surtout les bois marécageux. Là il pêche aux grenouilles, saisit les couleuvres et chasse même les gros insectes, dytisques, etc.

A mort encore, le Jean-le-Blanc!

Viennent au-dessous de lui les *buses* avec leur plumage si variable que, pour ainsi dire, pas une ne ressemble à sa voisine; mais chez toutes, la tête grosse, le corps trapu, ramassé, les jambes courtes forment un ensemble qui les fait facilement reconnaître, d'autant plus que, plus nous descendons, plus l'aile s'oblitère, et celle de la buse, peu puissante, lui donne un vol tout spécial, plutôt planant que plongeant ou sifflant. C'est en volant de ce vol bas, le long des bois, des haies ou des sillons, qu'elle surprend les petits mammifères, oiseaux, reptiles dont elle fait sa proie, y ajoutant souvent des sauterelles, grillons et autres gros insectes.

Fig. 26. — BUSE.

Immobile des heures entières sur la branche morte, au faîte d'un arbre, sur la borne du champ, sur la barrière du chemin, elle attend qu'une proie se présente à sa vue et se décèle par un mouvement.

La buse mange, pendant l'été, environ quelques douzaines de rongeurs par jour, et ne s'occupe pas d'autres proies. En hiver, elle les préfère également, quand elle en rencontre, et elle sait en trouver. On peut donc estimer qu'en un an une seule buse détruit 8000 rongeurs.

Malgré ce fait, nous la condamnons sans remords, en considération des petits oiseaux, alouettes, etc., et du gibier qu'elle détruit sans relâche. Comprenons dans la même réprobation l'*archibuse*, de passage dans le centre de la France, et la *bondrée*, quoique celle-ci puisse invoquer quelques circonstances atténuantes par son goût pour les guêpes — hélas! aussi pour les abeilles! — les lézards, reptiles, insectes, poissons, etc. La bondrée mange même du blé, dit-on.

Parmi les rapaces nocturnes vivant sur les lisières des bois, nous trouvons la *chevèche*, qui est un petit peu plus grosse que la *surnie* (voy. I, 1); elle atteint la taille de la *tourterelle*. Son plumage est brun sur le dos, aussi taché de blanc sur le ventre, mais larmé de brun; les yeux sont jaune citron. En liberté, la chevêche se nourrit de mulots, de campagnols, de chauves-souris et d'insectes; les sauterelles, grillons, hannetons et autres analogues jouent un grand rôle dans l'alimentation des deux petites espèces dont nous venons d'esquisser les mœurs.

C'est dans les petits bois, dans les endroits où existent de vieux châteaux abandonnés ou des rochers tailladés, que la chevêche établit volontiers sa demeure; en hiver seulement elle se rapproche des lieux habités. Prise jeune et tenue en liberté relative, elle s'apprivoise aisément et ne cherche point à reprendre la clef des champs. En cet état, elle peut rendre les plus grands services dans les granges, les fenils et les greniers, où elle fait, chaque nuit, une chasse infatigable à tous les rongeurs parasites, cette plaie de nos fermes. Il est incroyable que les paysans ne se soient point aperçus plus tôt de l'admirable adaptation humanitaire de cet oiseau, qui ne demande qu'à être apprivoisé, qui se laisserait domestiquer sans peine et remplacerait le chat, ce faux bonhomme que nous introduisons dans nos demeures pour la satisfaction de son sybaritisme, mais non pour l'utilité de ses services.

Le chat chasse à l'oiseau sans relâche, le chat dévore autant de ces petits auxiliaires que le rapace de jour le plus dangereux; la chevêche sait si peu les dévorer qu'elle a peur de leurs plumes, et, quand on lui en donne un, elle le plume soigneusement avant de s'en repaître. J'ai trouvé, dit Bechstein, dans les pelotes de matières non digérées que rend la chevêche comme les autres oiseaux de proie, une quantité considérable de fruits du cornouiller sanguin; ce qui prouve qu'elle se nourrit au besoin de baies.

Abandonnons maintenant les rapaces au bec crochu, à l'œil méchant et aux griffes sanglantes, et arrêtons-nous un instant pour admirer les vrais habitants des lisières, les *oiseaux chanteurs*.

« Au sourd battement des flots, l'oiseau de mer oppose ses notes aiguës ; au monotone bruissement des arbres agités, la tourterelle et cent oiseaux donnent une douce et triste assonnance ; au réveil des campagnes, à la gaîté des champs, l'alouette répond par son chant ; elle po e au ciel les joies de la terre

« Ainsi partout, dans l'immense concert instrumental de la nature, sur ces soupirs profonds, sur les vagues sonores qui s'échappent de l'organe divin, une musique vocale éclate et se détache, celle de l'oiseau, presque toujours par notes vives, qui tranchent sur ce fond grave par d'ardents coups d'archet. »

On me reprochera peut-être d'abuser du Michelet et de le piller sans pitié : qu'y faire? Pourquoi chercherais-je mieux que ce qui est parfait ? Pourquoi essayerais-je de repeindre un tableau de maître que je puis offrir en une fois à la vue de mes lecteurs ? Qu'ajouterais-je à la poésie enflammée de cette imagination qui a vu l'oiseau à travers elle-même, qui l'a compris si merveilleusement que ce qu'elle sentait a paru à tous une révélation ? Et cependant, si jamais quelque chose fut simple, c'est bien ce livre, magnifique mais incomplet, inspiré mais naïf quand même, et dont l'enthousiasme, le souffle divin a rendu la lecture si attrayante et si émouvante.

L'oiseau, comme chantre des bois, est surtout commun sur les lisières; c'est là que le chanteur par excellence établit son quartier général. Est-ce pour être mieux entendu? Je ne le crois pas, quoi que l'on me dise de son amour-propre. C'est tout simplement pour être plus à portée des insectes de mille espèces qui pullulent aux champs voisins, et dont il vient faire sa nourriture.

Quelle que soit, d'ailleurs, la cause vraie de la prédilection que montrent les vrais chanteurs pour les bords des grands bois, les bosquets et les taillis de peu d'étendue, le fait n'en est pas moins réel, et leur présence est si facilement constatée par l'observateur que, s'il continue son chemin, après avoir traversé le lieu du concert, il s'étonne, en s'enfonçant peu à peu dans le bois, d'arriver de plus en plus au silence. Plus de chants; quelques cris rauques, quelques susurrements — ainsi que nous l'avons expliqué — plus rien que la grande voix bruissante de la forêt!

Hâtons-nous donc de revenir sur nos pas, au bord des champs, et d'y écouter le glorieux concert des chantres du printemps.

Au premier rang, la grande tribu des fauvettes.

Ici, les *fauvettes babillardes* ont été détachées des *fauvettes proprement dites*, non-seulement à cause de certains caractères différentiels assez peu marqués et qui résident principalement dans les ailes plus courtes et dans la queue plus longue, toujours blanche au bord et ronde au lieu d'être carrée, mais surtout par suite de mœurs bien tranchées. On reconnaît d'ailleurs, dans les divisions que la science est obligée d'adopter aujourd'hui, la constatation de ces adaptations, de moules semblables à des milieux différents, adaptations, qui constituent notre théorie particulière du classement polysérial des oiseaux. C'est ainsi que les *fauvettes proprement dites* sont les moules adaptés aux buissons et aux jardins, les

Fig. 27. — FAUVETTE BABILLARDE.

babillardes le même moule adapté à la vie plus accidentée, plus difficile, des bois-taillis et des lisières des forêts.

C'est pourquoi nous voyons celles-ci plus vives, plus alertes, plus pétulantes que les premières. Elles ont besoin de plus de mouvement, de plus de travail, pour rassembler assez de nourriture dans un milieu où celle-ci est beaucoup plus rare : les fruits ne sont point, là, communs comme dans nos jardins! Les fauvettes franches ne sont guère habiles à se cacher; les babillardes le savent si bien faire que, quand elles se faufilent sous une touffe de taillis ou dans un fourré d'épines, elles deviennent introuvables et invisibles.

Leur chant, ainsi qu'il convient à des sauvages pures, est moins doux et moins varié que celui des fauvettes vraies, qui sont à demi civilisées. La vie des champs ouvre leur cœur à la fierté, mais la liberté rend le caractère brusque. Au reste, à pauvre table, peu d'embonpoint; la *babillarde ordinaire* est petite !...

La *babillarde orphée* acquiert une taille un peu plus grande; on la trouve en abonnance dans le Midi, plus que dans les départements du Nord. Quelques personnes la regardent comme la vraie fauvette, il n'en est rien; son chant le dit suffisamment. Elle vit, comme l'autre, dans les buissons.

les haies et les taillis, construisant négligemment son nid sur les oliviers avec des brins d'herbe, des toiles d'araignées et de la laine.

La *passerinette,* appelée aussi *babillarde subalpine* ou *bec-fin subalpin*, a le dessus du corps cendré, avec les ailes brunes bordées de roussâtre; la queue, brune aussi, est terminée de chaque côté

Fig. 28. — FAUVETTE ÉPERVIÈRE.

par une tache blanche. Le dessous du corps est roux plus ou moins foncé, et blanchâtre sur l'abdomen. Celle-ci est sédentaire et très-commune dans la Provence et le Dauphiné, où elle recherche les parties un peu montueuses et couvertes de bois et de broussailles. Jamais elle ne fréquente les grands bois : mais le nom de *bec-fin*, qu'on lui donne avec raison dans le pays, indique bien un oiseau amateur de baies, de fruits sucrés, et fort disposé à manger les raisins dans les vignes à portée des garigues : il faudra donc se méfier de son voisinage (VI, 15).

La *fauvette épervière* se reconnaît à son dos brun cendré, au blanc pur de sa gorge et à ses flancs gris cendré. Son œil est jaune brillant. Elle se tient dans les taillis en plaine, dans les haies, les bosquets avoisinant les prairies, et niche dans les buissons.

La *babillarde mélanocéphale* ou *à tête noire* est un habitant des parties les plus méridionales de notre pays, et n'offre rien de remarquable dans ses mœurs tout à fait semblables à celles de ses congénères : elle nous servira de transition.

La petite famille naturelle des *gobe-mouches* doit trouver place ici ; car, sur trois espèces dont elle se compose, deux sont presque exclusivement habitantes des lisières des forêts ; une seule aime les grands arbres, et nous l'avons nommée (I, 1) en temps et lieu. C'est le *gobe-mouche à collier*.

Les *gobe-mouches* se rapprochent beaucoup des *pouillots* par leurs habitudes générales, leur taille, mais en diffèrent par leur habit foncé et la solitude qu'ils affectionnent. Autant nous avons trouvé les petits échenilleurs de feuillage travaillant de bon cœur, et se livrant à une conversation animée les uns avec les autres, autant nous voyons les *becs-*

figues ou *gobe-mouches* seuls, isolés, volant le long des avenues des bois, des haies, des lisières, des vergers, des chemins. Ces oiseaux, d'ailleurs, sont

Fig. 29. — GOBE-MOUCHE NOIR ou COMMUN.

loin d'être complétement insectivores; ils changent de régime à l'automne, et nous reporterons aux *mangeurs de raisins* (VI, 15) le *bec-figue proprement dit*, lequel gagne dans la vigne les couches de graisse parfumée qui font de sa capture une gloire pour le gourmand.

On a donné à ces petits chasseurs le nom de *gobe-mouches*, parce qu'ils savent prendre les insectes en s'envolant de la branche sur laquelle ils perchent, et happer au passage, par un coup d'aile, ceux qui passent à portée. Cette chasse singulière est typique chez eux, et, quoique imitée par une ou deux espèces analogues, sert à les faire distinguer et reconnaître de très-loin sur le taillis dénudé par l'automne, ou dans les vignes.

Le *gobe-mouche noir* ou *bec-figue* a le dessus du corps noir; les parties inférieures, deux points sur le front et les couvertures des ailes d'un blanc pur. Les grandes plumes de la queue sont aussi bordées de cette couleur. Il aime le bord des chemins, des taillis, et se trouve beaucoup plus communément dans le Midi que dans nos départements septentrionaux; cependant on le rencontre un peu partout. Sa robe noire, son ventre et ses ailes blanches en font un vrai point de mire des plus faciles à viser et à reconnaître de loin.

Le *gobe-mouche gris* ou *butale* est gris cendré en dessus, plus foncé au centre des plumes de la tête; les grandes plumes de l'aile et de la queue sont noirâtres. Le dessous du corps est blanchâtre, rayé longitudinalement de noirâtre. Il a les ailes beaucoup plus longues et le vol meilleur que le bec-figue proprement dit; aussi chasse-t-il d'une tout autre manière. Il se place sur un point culminant; on le voit sans cesse posté sur les poteaux, sur les branches mortes d'un arbre, et, de là, guetter les insectes qui passent à portée et les saisir au vol avec une adresse admirable. Son vol est d'une légèreté de papillon, et, même au repos, il agite presque sans cesse les ailes comme pour prendre son essor, ou pour ne pas perdre un seul instant l'occasion de se servir de ces précieux organes! C'est que d'eux dépend sa vie!... Au moment de la nidification, son cri devient plaintif et monotone.

Cet oiseau est le *bec-figue* du nord de la France. Au demeurant, animal triste, solitaire, comme tous les travailleurs qui demandent à un labeur pénible, obstiné, mal rémunéré, la vie de chaque jour.

Avec les bec-figues se termine la charmante série des petits oiseaux chanteurs, des becs-fins, des vrais insectivores : tribu choisie et bénie, que l'homme devrait vénérer partout où il la rencontre, et que chaque jour, au contraire, il anéantit sans remords et sans pitié!

Ah! l'avenir se chargera d'amener le remords, quand il ne sera plus temps de réparer le mal! Pauvres chanteurs amis, lorsque vous ne serez plus là, seulement alors on s'apercevra que vous étiez bons à autre chose qu'à constituer des brochettes appétissantes, dodues et grassouillettes !

Sortons maintenant de la société intime dans laquelle nous avons vécu jusqu'ici, et entrons dans un

Fig. 30. — ROLLIER.

monde fort mêlé où nous allons rencontrer de très-beaux uniformes, ma foi, mais des mœurs assez justement décriées !

A la tête des plus beaux oiseaux de notre pays il faut placer le *rollier d'Europe,* que l'on appelle aussi quelquefois *geai de Strasbourg*, parce qu'on l'a rencontré, plus souvent qu'ailleurs, dans les grands bois de l'Alsace. Nous n'en dirons que quelques mots, car il est un hôte très-passager de nos contrées, et cependant on affirme que quelques couples nichent dans le Midi de la France. Quoi qu'il en soit, nous ne devons pas l'oublier parce qu'il est un des oiseaux utiles, s'il en fut, en sa qualité de mangeur d'insectes.

Sa manière de les chasser rappelle celle des *pies-grièches:* il aime, par-dessus tout, les grillons, les sauterelles; il ne dédaigne point les vers, et attaque, dit-on, les petits reptiles et même les grenouilles. Ce dernier point nous semble hasardé. Le rollier, toujours solitaire, se tient perché sur les branches mortes des arbres et des arbustes, attendant patiemment qu'une proie se présente. Il vit le plus souvent sur la lisière du bois, mais il s'avance également sur les coteaux secs et dans les campagnes arides.

Rien n'est plus beau que son plumage, dont nous voulons essayer de faire naître l'idée. La tête et le devant du cou sont d'un bleu d'aigue-marine à reflets verts et roses, le dos fauve, les ailes bleu violet se fondant en vert changeant comme la tête, de même la poitrine et le ventre. Ajoutez à tout cela des nuances de vert, de bronze, de rose, de brun, de bleu nuançant la queue et le corps, et vous aurez un tableau fort incomplet de ce magnifique oiseau, un peu plus gros que la tourterelle ordinaire.

A la suite de cet utile aide-de-camp au justaucorps bleu de mer, plaçons un second auxiliaire à la livrée jaunâtre et bigarrée : la *huppe*, que l'on

Fig. 31. — HUPPE.

trouve partout dans notre pays, mais qui n'est abondante nulle part. Elle est également un oiseau de passage, qui nous arrive en avril et mai, pour repartir vers septembre et octobre. Elle niche dans les trous des arbres et des rochers, et pond 4 ou 5 œufs oblongs de couleur très-variable. Cet oiseau, que l'on voit souvent à terre fouillant les mousses pour y trouver sa nourriture, se reconnaît facilement aux plumes rousses terminées de noir de sa huppe, à son dos blanc pur, aux taches brunes de ses flancs, à ses ailes noires barrées de blanc, son cou et sa poitrine de roux vineux.

Quelques personnes, dit Bechstein, placent la huppe dans leurs greniers pour expulser les charançons et les araignées; elle s'en acquitte très-bien; mais de là à dire qu'elle mange des souris, il y a certainement une erreur: la faiblesse de son bec l'en rend incapable.

La huppe est un animal solitaire, peu rusé et très-facile à apprivoiser. Nos souvenirs d'enfance se reportent, à ce sujet, sur un acte de familiarité assez curieux. Une huppe fut capturée dans un galetas où elle venait de s'aventurer. Notre soin le plus empressé fut de lui couper les ailes pour mieux nous en assurer la possession; nous la laissâmes ensuite dans une cour intérieure à la charge et sous la surveillance d'une cuisinière. Les soins furent bons, sans doute, mais la surveillance incomplète, car l'oiseau disparut avant d'avoir donné le moindre signe de confiance et de familiarité : cependant la faim, quelquefois, peut être bonne conseillère!... Plusieurs jours venaient de s'écouler, lorsqu'un soir notre attention fut attirée par quelques petits coups frappés distinctement contre les vitres de la salle à manger où nous étions tous réunis en ce moment : quel fut notre étonnement en reconnaissant dans la quêteuse la pauvre huppe que nous avions cru perdue ! Il ne fut pas difficile de l'introduire : l'instinct qui la ramenait semblait inspirer chacune de ses démarches ! Elle se hâta de retourner à la cuisine et y trouva bon accueil et bonne chère ; dès ce moment, elle parut avoir renoncé à tout projet d'escapade.

La huppe est un des oiseaux connus de toute antiquité ; elle a joué un rôle chez la plupart des peuples, et principalement chez les Égyptiens, où elle fut l'emblême de la piété filiale. Les jeunes prenaient soin, disait-on, de leurs père et mère devenus vieux et caducs ; ils les réchauffaient sous leurs ailes, les aidaient, dans le cas d'une mue laborieuse, à quitter leurs vieilles plumes. Ils soufflaient sur leurs yeux malades, etc., etc. En un mot, ils leur rendaient tous les bons offices qu'ils en avaient reçus dans leur bas âge ! Nous ne songions certes pas à vérifier cette réputation de vertu et encore moins à la contester, lorsque le hasard s'est plu à nous fournir l'étude de mœurs que voici :

Une huppe, avec ses petits, avait été portée au Jardin zoologique de Marseille : on la mit dans une grande volière, espérant qu'elle continuerait peut-être à élever sa famille. Tout parut bien se passer d'abord; mais on ne tarda pas à remarquer que chaque jour les petits disparaissaient : on voulut en reconnaître la cause et voici de quelle atrocité il fallut être témoin. Tous les matins, à l'heure du déjeuner, après avoir pris soin de ses petits, après leur avoir donné avec une apparente sollicitude une copieuse alimentation, la mère revenait au bord du nid, et là, prenait une pose insouciante et contemplative qui, dans aucun cas, ne pouvait faire songer à mal; puis au bout d'un instant, saisissant avec précaution par le cou un des siens, elle le tirait hors du nid, l'envisageait alors avec attention, on eût dit presque avec amour...

Que se passait-il dans ce cœur de mère? C'est ce que nous ignorons! toujours est-il qu'après ce minutieux examen, prompt comme l'éclair, un bec en guise d'épée traversait le corps de sa victime. Le meurtre une fois accompli, toute hésitation cessait; coupé en deux ou trois morceaux, le corps était promptement englouti par la tendre mère, qui ne tarda pas à faire ainsi de ses entrailles une tombe à toute sa progéniture.

Les Égyptiens ont-ils jamais rien vu de pareil à ce touchant exemple d'amour maternel?

Il ne faut pas nous le dissimuler, nous penchons

de plus en plus vers la mauvaise compagnie ! Encore un peu et nous quitterons un effronté coquin pour la société des pillards et des assassins !

Vifs, criards, importuns, les *geais* sont des ennemis que le cultivateur comme le forestier ne doivent

Fig. 32. — GEAI ORDINAIRE.

point ménager. On les trouve partout, dans les taillis, sur les lisières, dans les vergers, et partout ils font du mal, pillant les fruits, et les cachant quand ils sont durs, comme ceux des forêts.

Le geai, avec sa huppe grise, ses plumes bleu ciel

et noires sur les ailes, sa gorge vineuse, est connu de tout le monde; nous ne nous y arrêtons donc que pour signer son arrêt de mort, car il détruit presque autant de petits oiseaux au nid et d'œufs, que la *pie*, sa complice incorrigible. Rangeons-le surtout parmi les *voleurs des jardins* (III, 7), afin qu'on ne lui fasse grâce sous aucun prétexte!

Son nid est plat, construit en chiendent et en racines fines. L'oiseau y pond 6 œufs verdâtres, et gros comme ceux de la tourterelle.

Les *pies-grièches,* que nous sommes amenés à ranger ici, forment une petite famille naturelle de *rapaces*, que l'on doit regarder comme l'adaptation du type *passereau* à la nourriture par la chair. Toutes se nourrissent de gros insectes, mais elles y ajoutent de petits oiseaux et des mammifères de faible taille. Quelles que soient cependant les aptitudes cruelles et sanguinaires de ces oiseaux, les serres leur manquent comme *mains prenantes*. Ils restent passereaux et emportent leurs victimes dans leur bec crochu, seul organe véritablement transformé dans ce monde remarquable!... Deux choses rapprochent cependant encore les *pies-grièches* des *rapaces*: d'abord leurs narines rondes et latérales recouvertes d'une membrane; puis leur nid, situé à la fourche d'un arbre et formé extérieurement de tiges et de petites baguettes comme l'aire des oiseaux de proie, — mais en diminutif, — tandis que l'intérieur est fait en mousse, — souvenir des passereaux!....

Autant les pies-grièches se montrent féroces et sanguinaires vis-à-vis des autres petits oiseaux, autant elles sont douces et affables dans leur vie de famille, et c'est chose remarquable que l'attachement que le père montre pour ses œufs : il va jusqu'à les couver, pour relayer sa compagne quand celle-ci est fatiguée.

Les petits, leur éducation terminée, et dès qu'ils peuvent se suffire à eux-mêmes, n'abandonnent pas leurs parents ainsi que le font les rapaces ; au contraire, ils demeurent, jouent et chassent avec eux, tantôt sur la lisière des bois de haute futaie, tantôt parmi les buissons épineux et les arbustes des marécages. Dans cette petite colonie formée d'une seule famille, règnent la plus parfaite harmonie et un échange des soins les plus touchants. Il paraît même qu'ils émigrent ensemble et qu'ils restent unis dans les pays qu'ils parcourent, jusqu'au printemps suivant, où les mâles sont obligés d'aller au loin se choisir une compagne.

Avec ces mœurs intimes charmantes, la *pie-grièche* se montre d'une férocité extraordinaire envers tout ce qui l'entoure. Les insectes, surtout les gros, les petits oiseaux sans défense sont ses victimes ordinaires. Son ardeur sanguinaire est si grande que, même rassasiée, elle continue à chasser, à tuer sans relâche, et, ne pouvant dévorer ses nouvelles victimes, elle les empale aux épines des buissons! Quel instinct la pousse à agir ainsi?... Est-ce prévoyance?... est-ce pressentiment des mauvais jours à courir? — Mystère! — car la pie-grièche captive se comporte de la même façon dans sa cage...

Le vol de ces oiseaux est irrégulier, formé d'une série de zigzags caractéristiques. Sans être capables de planer ainsi que le font les vrais rapaces, elles savent rester quelques instants suspendues dans les airs pour guetter leur proie. Leurs cris sont aigres et discordants, mais les petites espèces ont le talent d'imiter le chant des autres oiseaux et même la voix des animaux qui vivent auprès d'elles.

Nous avons en France quatre espèces de pies-grièches, que nous allons rapidement passer en revue:

La *pie-grièche grise* est la plus grande des espèces de notre pays. Sa taille est environ de $0^{m},25$. On la distingue facilement au dessous de son corps blanc, à sa tête et à son dos cendrés. Ses ailes noires sont doublement barrées de blanc; la queue, noire aussi, est terminée et bordée par du blanc sur les pennes latérales. La femelle est plus petite, plus grise et moins blanche.

Cette pie-grièche se nourrit de mulots, campa-

Fig. 33 à 35. — PIE-GRIÈCHE A TETE ROUSSE. PIE-GRIÈCHE ÉCORCHEUR.
PIE-GRIÈCHE GRISE.

gnols, musaraignes et insectes; malheureusement elle attaque aussi les petits oiseaux, dont elle mange la cervelle, après leur avoir brisé la tête à coups de bec. Quand elle poursuit sa proie, elle exécute un mouvement particulier pour saisir cette proie par le côté; mais elle ne réussit pas toujours, car elle ne peut pas se servir de ses griffes, comme les oiseaux de proie, et souvent elle ne parvient qu'à lui arracher une becquée de plumes.

La *pie-grièche rose*, appelée aussi *renégat gris*, a environ 0m,21 de longueur. Elle se reconnaît à la couleur rosée de ses flancs et de sa poitrine. On la trouve souvent en compagnie de la pie-grièche grise, quoique d'habitude son lieu d'habitation soit un étage au-dessous d'elle. De passage en nos pays, comme toutes les pies-grièches, le renégat s'attaque aux gros insectes, aux taupes, aux musaraignes et aux petits oiseaux sortant du nid. Signe particulier, le femelle couve *seule* ses œufs.

La *pie-grièche à tête rousse*, ou *matagasse*, est plus petite que les autres espèces, dont elle se distingue par la couleur rousse de sa tête et de son cou et la teinte noire de son dos et de ses ailes; elle a le ventre et la poitrine blancs, tandis que ses flancs sont rouges. Ses ailes noires portent une tache blanche formant miroir.

La *matagasse*, moins grosse, avons-nous dit,

que les deux espèces précédentes, se trouve déjà trop faible pour attaquer les autres oiseaux. Elle est obligée de se contenter d'insectes, lézards et grenouilles, qu'elle sait prendre avec beaucoup d'adresse. Dans cette espèce, la femelle couve aussi *seule* ses œufs.

Fig. 36. — PIE-GRIÈCHE ÉCORCHEUR.

La *pie-grièche écorcheur* (fig. 36) est la plus petite de son genre en Europe, mais elle se montre en même temps la plus féroce. C'est elle surtout qui a l'habitude d'accrocher aux épines des buissons les victimes qu'elle continue à déchirer, même quand sa haine est assouvie. Cette pie-grièche se distingue des autres espèces par le dessus de la tête et du croupion centré bleuâtre, par les grandes plumes de l'aile noires bordées de roux, enfin par le dessous du corps blanc, teinté de rose à la poitrine, au ventre et aux flancs.

Dans cette espèce le mâle *participe à l'incubation*, et très-souvent chaque nid voit deux couvées par an.

L'écorcheur se nourrit de petits reptiles, de grillons, sauterelles, mouches et autres insectes ailés. Sa voix aigre et discordante d'habitude a la propriété d'imiter, *au printemps*, celle de tous les oiseaux des environs. Pourquoi? — Mystère!...

Quoique nuisibles par la guerre incessante qu'elles font aux autres petits oiseaux, les pies-grièches rendent cependant d'incontestables services. Ainsi, vers 1829, une nuée de sauterelles s'abattit sur les côtes méridionales de l'Afrique; la contrée entière allait être ravagée, et l'on éprouvait les plus sérieuses inquiétudes sur la végétation, quand une espèce de pie-grièche, celle *à collier*, survint en bandes considérables et fit si bien, du bec et des serres, qu'elle délivra le pays du fléau et les habitants de la famine et de la ruine.

Que conclure de ceci?

Faut-il accuser ou absoudre? condamner ou défendre?

Franchement, quels que soient les services que nous rendent les pies-grièches en détruisant certains insectes et — peut-être — quelques petits mammifères, nous les jugeons parfaitement *nuisibles* et n'éprouvons aucun remords à les livrer à la vindicte publique! Plus nous avons étudié les mœurs, — leur pâture dans les haies et taillis, — de nos diverses pies-grièches, plus nous avons acquis la certitude que ce type est celui d'un mangeur de petits oiseaux, surtout d'œufs et d'oisillons naissants. Que, pendant l'été, pendant l'automne, la pie-grièche chasse aux gros insectes, soit! mais elle ne nourrit sa couvée, au printemps, que du pillage des nids d'oiseaux appartenant aux espèces plus faibles des insectivores chanteurs.

Quant aux invasions d'insectes, introduisons, acclimatons des espèces qui les combattent, mais sans dévorer les nichées!

De même que la plaine, le verger, le jardin ont leur type *moineau* dans le *moineau domestique* et ses variétés de climat, l'*italien* et l'*espagnol* (voy. III, 7), de même l'adaptation de ce type au bois, au taillis, à la lisière devait produire un ou plusieurs moules analogues : c'est pour cela que nous y trouvons deux espèces : *moineau friquet* et *moineau soulcie* ou *des bois.*

Plus farouche que le *moineau domestique*, le *friquet* vit de préférence dans les haies éloignées, sur la lisière des taillis et boquetaux, dans les saussaies, les oseraies. En hiver, il profite de ce que les

Fig. 37. — MOINEAU FRIQUET.

moineaux domestiques s'adjoignent des *pinsons*, des *bruants jaunes* et une foule d'autres *fringilliens*, puis gagnent la campagne où les champs labourés et ensemencés leur offrent une provende assurée, pour se joindre à eux et descendre ainsi dans la plaine, faisant, en passant, une revue générale des vignes, afin de piller les derniers grains oubliés par les vendangeurs d'abord et les pauvres grapilleurs ensuite.

On reconnaît le *friquet* à sa taille plus petite que celle du *moineau domestique* et à la tache noire qu'il porte sur l'oreille : il a, d'ailleurs, deux bandes blanches sur l'aile au lieu d'une.

Fig. 38. — MOINEAU SOULCIE ou DES BOIS.

Quant au *soulcie* ou *moineau des bois*, il est encore un ami des endroits couverts et tranquilles. C'est tout au plus si on le rencontre dans les contrées boisées, au voisinage de quelque ferme isolée. Son lieu d'habitat est dans les pays montagneux et couverts, ne descendant qu'en hiver sur les plaines basses pour se réunir en bandes énormes. Son cri de rappel, qu'il fait entendre surtout en volant, a beaucoup d'analogie avec celui du *moineau friquet*, mais il est plus traînant, plus accentué, plus aigre, et le piaulement des jeunes encore au nid ressemble à s'y méprendre à celui des jeunes *moineaux domestiques*. Son vol est rapide et bruyant comme celui de ses congénères, et lorsqu'il s'enlève en compagnie un peu nombreuse, on voit tous les individus composant la bande rapprochés et formant un peloton serré. Comme les autres moineaux, il n'a pas de chant proprement dit; comme eux, au lieu de marcher, il sautille; enfin, comme eux aussi, il naît complétement nu.

Le *soulcie* est d'ailleurs un oiseau du Midi, qui ne dépasse guère la Loire et qui niche dans les vieux arbres, où il fait, en plumes, laine, paille et foin, un vrai nid de *moineau domestique*. Ses ailes sont plus longues que celles de l'espèce typique; le bout de sa queue est blanc et il a deux bandes brun foncé sur la nuque: le devant du cou est jaune; d'ailleurs, l'animal est de bonne taille et de forte encolure.

Les *pigeons ramiers* se trouvent dans toutes nos forêts de France, mais ils ne séjournent point au milieu des grands massifs; ils préfèrent les taillis, où ils se tiennent sur les arbres de réserve, les lisières et le voisinage des champs, dans lesquels deux fois par jour ils vont chercher leur nourriture. Ces courses ont lieu le matin et à la fin de l'après-midi : de 10 heures à 3 heures, l'oiseau reste tranquille dans le bois, à roucouler de temps à autre. L'hiver, quand la vie est moins abondante, il est obligé de chercher presque toute la journée, et cependant il se

Fig. 39. — PIGEON RAMIER.

donne toujours au moins une heure de repos vers midi. Les repas des jeunes sont aussi bien réglés que ceux des parents : ceux-ci leur donnent à manger vers 9 heures du matin, et le soir de 4 à 5 heures.

Le *ramier* se nourrit de pois, de fèves, de haricots, de blé, de navette, de glands, de faines, de feuilles tendres et de bourgeons; enfin de fraises sauvages, dont on le dit très-friand.

Cette énumération suffit pour faire comprendre que le *ramier* n'est pas moins nuisibles aux cultures que le *pigeon fuyard* ou *domestique*. On a donc raison de lui faire la chasse et de rechercher sa chair, fort bonne, en compensation des dégâts qu'il cause. Dans la plupart de nos départements du Centre, le ramier se montre partout, mais isolément; on ne le voit presque nulle part en troupes; il n'en est pas de même dans certains endroits du Midi, où il passe en compagnies immenses lors de ses migrations.

Excessivement défiant et farouche, le *ramier* est fort difficile à atteindre: il ne faudrait point juger de ses mœurs par ceux qui pullulent dans les jardins publics de Paris et se sont parfaitement apprivoisés, puisqu'ils viennent prendre leur nourriture dans la main des promeneurs. A la campagne c'est autre chose, et leur vol sifflant à travers les hautes branches vous apprend seul, le plus souvent, que le pillard ne vous a point attendu.

Les jardins des fermes isolées, ceux des maisons de campagne situées à proximité des bois, sont souvent dévastés par les ramiers, qui ont un goût irrésistible pour les petits pois, surtout à demi germés, et qui viennent les déterrer avec acharnement.

Le plumage des ramiers est d'un beau gris

bleuâtre, et l'oiseau porte de chaque côté du cou un petit croissant blanc, tandis que le dos présente de beaux reflets cuivreux; pieds rouges et bec aussi.

Le *colombin* est encore un pillard de la même race, qui vit de la même manière; mais plus farouche que le *ramier*, il s'enferme dans les endro' les plus touffus et les plus inaccessibles des forêts. C'est lui qui passe dans les Pyrénées par bandes innombrables à l'automne. Il est très-commun dans les forêts de Compiègne et de Rambouillet.

On le reconnaît facilement au bord noir de ses ailes, aux deux taches de même couleur qu'elles portent, et à son absence de croissant au cou. Il porte le croupion cendré, tandis que le *bizet*, — encore une autre espèce, — l'a blanc. Souche de nos races domestiques, le *bizet* ne se trouve chez nous en liberté que près des bords de la Méditerranée, où il niche dans les rochers.

Nuisible, tout aussi bien que ses cousins et ses descendants domestiques!

Nous n'avons pas le courage de chercher noise à la douce *tourterelle*, véritable moule réduit du pigeon, quoique sa présence à portée des champs cultivés indique la provenance de sa nourriture. Ces oiseaux, d'ailleurs, ne marchent jamais en troupes.

Il n'en est pas de même du dernier habitant des taillis dont nous voulons parler, de la succulente *bécasse.* Nous serions fort embarrassé, — n'était la valeur de sa chair, — de dire si elle est nuisible ou si elle est utile. Cependant, tout bien considéré, nous la déclarons, à l'unanimité, utile... au gourmand!

Avis aux chasseurs!

Fig. 40. — TOURTERELLE.

D'ailleurs, de passage dans nos pays, cet intéressant oiseau ne demande qu'aux vers sa nourriture : il y joint les larves que son long bec lui permet de saisir en barbotant dans la vase des mares, fossés ou étangs. A ce point de vue, la bécasse est donc encore utile.

Utile partout, et bonne... toujours!

Fig. 41. — BÉCASSE.

Tel doit être le programme du cultivateur et du forestier à son égard.

Quant au *faisan*, il est si peu français encore que je n'en veux parler que pour mémoire et pour que les riverains des grandes chasses n'oublient pas de

Fig. 42. — FAISAN.

faire constater les dégâts que ces élégants oiseaux font dans leurs récoltes.

Mais il y a tout lieu de croire que lesdits voisins ne les oublieront pas!

Tout au contraire des *gélinottes*, les *faisans* se plaisent dans les bois un peu humides situés en plaine; ils se nourrissent de baies, de fruits, de végétaux, d'insectes, de vers et de petits colimaçons ; ce qui ne les empêche pas d'aller se régaler le plus souvent de grains dans les endroits où l'on en sème et trop souvent hors des limites où leurs propriétaires voudraient les voir se tenir. Défiant tout à la fois et maladroit, le faisan semble en effet perdre la tête à certains moments et n'avoir plus conscience de ce qui peut lui être nuisible : aussi l'espèce n'existe-t-elle chez nous qu'à l'état de demi-domesticité, au moins pendant le jeune âge.

Ce gibier, d'ailleurs, est tellement facile à voir par sa taille et par ses couleurs, qu'au milieu de nos campagnes extra-civilisées il serait détruit en deux ans, si on le laissait errer en liberté.

CHAPITRE III.

ÉPLUCHEURS DE TRONCS.

Au premier rang des oiseaux utiles dans les bois, nous nous empresserons de placer les *pics* de toute espèce, malgré les préjugés populaires qui les accusent de percer les arbres et d'en diminuer la valeur. Les pics sont, avant tout, les éplucheurs des écorces : ce sont eux qui ont déclaré une guerre sans rémission à la légion des coléoptères xylophages qui creusent leurs galeries dans le liber ou écorce vivante, et tuent, peu à peu, des milliers d'arbres à la fois.

Ce sont les pics qui ont également déclaré une guerre à mort à tous ces insectes en larves qui marchent à la conquête de feuilles caduques ou persistantes suivant les espèces, et qui, les détruisant, font encore périr des cantons entiers de bois dans les forêts résineuses.

Dans les vergers, ce sont les pics qui viennent nettoyer l'écorce de nos arbres fruitiers, combattre l'invasion des pucerons, des fourmis, happer par-ci par-là tout insecte qui grouille, et en faire leur proie.

— Mais on les voit piocher de leur bec robuste

dans les troncs des arbres, et y creuser des trous tellement profonds que c'est dans ces cavités mêmes qu'ils font leur nid.

— Sans doute.

— Hé bien?

— Regardez attentivement l'arbre auquel s'attaque le pic, et jamais cet arbre ne sera sain au point où l'oiseau le frappe de son bec. Son instinct ne le trompe pas. Où en est le siége? Nous ne le savons point. Réside-t-il dans la vue? C'est probable. L'écorce qui recouvre un point carié n'est pas semblable à l'écorce saine adhérente au bois. Est-ce l'odorat? Cela pourrait encore bien être.

Quoi qu'il en soit, l'instinct des pics les guide vers les arbres dépérissants, rongés dans leur écorce, leur liber et leur bois par les larves des insectes, attaqués par la carie, pourris par les infiltrations d'eau. C'est alors que nous observons ces intéressants oiseaux occupés à piocher un point sur un arbre qui nous paraît absolument sain et vif. Si nous étions là-haut, à côté du travailleur, nous verrions qu'une branche a été jadis cassée en cet endroit, un chicot est demeuré saillant qui a d'abord arrêté quelques gouttes d'eau, puis, se pourrissant à son tour, est devenu spongieux, s'imbibant à chaque ondée et laissant suinter peu à peu cette humidité au-dessous de lui. Entre l'écorce et le bois s'est formée une tache pourrissante qui va chaque jour s'agrandissant, les insectes sont entrés par la surface dénudée et spongieuse de la branche pourrie, et aujourd'hui cet endroit est un refuge de ravageurs, un repaire de bandits affamés de carnage.

Le pic arrive, il sonde le mal d'un coup sec, commence son travail en enlevant les fibres décomposés du bois, plonge dans le trou sa longue langue gluante et armée de crans tournés en arrière, et en amène toute cette vermine dont il fait curée.

Les trous que creusent les pics sont beaucoup moins profonds que la renommée le proclame : la plupart du temps ils ne vont que jusqu'à l'aubier, et, dans tous les cas, ils n'empiètent jamais sur le bois sain, que leur bec ne saurait entamer ; mais ils suivent les veines, déjà sillonnées dans tous les sens par les galeries des larves xylophages. Ces trous ne peuvent être approfondis assez par le pic pour y faire sa demeure et y élever ses petits que dans les troncs pourris des arbres hors de service, et encore, dans ceux-ci les consciencieux oiseaux rendent-ils au forestier d'éminents services.

Les insectes dangereux, en forêt, peuvent être considérés comme une tache d'huile dont la circonférence va toujours s'élargissant : la multiplication appelle la multiplication, et le nombre devient légion. Mais à quelle condition ?

A condition que ces insectes trouvent un milieu propice à les recevoir.

Même condition pour le mal que pour le bien, pour la destruction que pour le peuplement. L'agriculture n'est pas fondée sur un autre principe.

Or, le lieu propice, c'est le bois mort, pourrissant et dépérissant. Qui le détruit? Le pic. Qui le dépeuple? Encore le pic.

Hé! de quoi vous plaignez-vous?

C'est en exécutant ce travail que ces oiseaux, par vous anathématisés à tort, préviennent la multiplication excessive des ravageurs contre lesquels tout moyen vous manque, à vous hommes, pour vous défendre. C'est le pic qui vient dévorer sans relâche ces ennemis les uns à la suite des autres, et qui empêche que, se trouvant trop à l'étroit dans les arbres dépérissants, ils se jettent, par famine, sur les arbres sains et vigoureux, qu'ils attaquent à défaut d'autres.

— Mais l'arbre sain se défend seul.

— Certes, tout d'abord. La première génération qui l'attaque meurt étouffée, noyée dans les flots de la sève trop abondante. Mais les mille blessures par lesquelles ce fluide nourricier s'écoule affaiblissent l'arbre bien portant... Dès lors sa perte est assurée.

Une seconde escouade arrive à la rescousse.

Celle-ci ne perd que la moitié, les trois quarts de

son monde... L'ennemi est dans la place, on ne l'en délogera plus !

Et l'arbre végète, languit et succombe.

Quand il est plein, gorgé de parasites, l'émigration recommence et le mal s'étend.

Le pic est le modérateur naturel de ce fléau.

Un seul fait suffit pour confirmer ces assertions, que l'observation attentive des forestiers a mises aujourd'hui hors de doute. Il y a d'autant plus de pics dans une forêt, qu'on y voit plus d'arbres morts ou dépérissants, pâture nécessaire de la plupart des insectes. Enlevez les uns, vous chassez les autres : les pics disparaissent.

Notre pays renferme huit espèces de ces utiles oiseaux. L'homme, d'ailleurs, en détruit peu, — heureusement pour lui, — non que l'envie manque aux porteurs de fusil ; mais pourquoi les détruire ?

Ici l'intérêt parle plus haut que le raisonnement.

Le pic a une chair immangeable, et il est tellement farouche que son approche est toute une étude à faire ; de plus, son vol est saccadé, balancé, par soubresauts, et rend le tir des plus difficiles. A moins d'être à deux, il est malaisé de tirer l'oiseau quand il se tient collé le long d'un tronc ou d'une branche ; si vous tournez à droite, le malin animal tourne à gauche, et ainsi de suite, toujours sur ses gardes, aussi preste, aussi malin que le chasseur, et ne lui montrant que le bout du bec à découvert et un œil fixe et diabolique; jusqu'au moment où, lassé de cette partie de cache-cache, il prend son vol directement derrière le tronc, dont l'épaisseur le cache à vos yeux. Malheureusement la pauvre bête a l'habitude irréfléchie de pousser des cris aigus en volant. Au premier cri, vous faites un bond de côté pour démasquer le fuyard; mais son premier coup d'aile est rapide, et déjà il est assez loin pour braver votre dépit.

Telle est la ruse de défense du pic en général, et surtout des grandes espèces, car les petites sont beaucoup moins défiantes. Malheureusement l'homme n'est pas plus bête que le pic, au contraire. Voici donc, — qu'on me pardonne cette délation en faveur du brevet de perfectionnement, — comment je m'y prenais dans le temps où j'avais besoin de quelques-uns de ces oiseaux pour étudier leur organisation et la qualité des détritus contenus dans leur estomac.

Au moment où le pic se trouvait caché par l'arbre qui nous séparait, je me débarrassais vivement de mon chapeau de paille que je plantais sur une brindille du taillis et au-dessous mon mouchoir de poche étalé sur les feuilles; puis, m'approchant du pied de l'arbre, je tournais autour. Maître pic, voyant deux personnes, mon chapeau et moi, s'aplatissait sur l'écorce et recevait le coup fatal.

Le *pic-noir* est un superbe habitant de nos forêts en montagne et surtout des forêts résineuses ; sa tête rouge, sa huppe, ses narines couvertes de plumes raides en font un curieux spécimen de la famille. Très-farouche, il est extrêmement difficile à joindre.

Bailly avance que, dans la Maurienne, le pic-noir fait, en automne, des provisions de semences, épluchées sur place, du pin *cembro*, et emporte l'amande dans des trous où il sait aller la retrouver au besoin. Vieillot, d'un autre côté, affirme que ce même pic attaque les ruches d'abeilles, — cela ne m'étonne pas, — mais se nourrit quelquefois de baies, de semences et de *noix!* Ici, je ne crois plus. Il y a confusion entre un corbeau quelconque et notre pic Comment un oiseau doué d'une langue vermiforme, barbelée, telle que celle du pic, pourrait-il faire pour manger des noix ? Les amandes du pin cembro sont bien petites et pourraient à la rigueur être avalées, mais... nous n'avons rien trouvé de semblable dans les estomacs de tous les pics que nous avons pu étudier.

Selon nous, il y a confusion.

Tout aussi bien que quand on vient dire que le *pic-épeiche* mange des noisettes. Il se suspend à ces fruits, la tête en bas, comme les becs-croisés et les mésanges ; M. Sélys-Longchamps a raison de le dire ; mais il cherche les larves de rhynchites que le fruit

Fig. 43-44. — PIC-ÉPEICHETTE. PIC-ÉPEICHE.

peut contenir, et non les amandes coriaces et dures que nous y aimons.

Remarque qui devrait dominer tous ces on-dit:

Le pic ne sait pas *mordre*. Il pique, il pioche, puis il étend sa langue sur l'insecte, la darde, la retire et recommence. Or, pour manger des noix, noisettes, amandes, il faut saisir le fruit et le dépecer avec les côtés du bec... il ne sait pas le faire ! et, quand on a étudié ses mœurs, on en est parfaitement convaincu. Qu'il ait piqué quelques baies dans lesquelles son flair lui indiquait des larves, c'est vrai ; mais pour la baie seule, jamais il n'eût songé à l'attaquer.

Le *pic-épeiche* est noir varié de blanc et de rouge sur la tête et au croupion. Il est moitié du pic-noir comme taille, et nous allons voir, à sa suite, un moule réduit, l'*épeichette*, qui lui ressemble extrêmement, si bien qu'elle n'en diffère que par une taille moitié plus petite, le manque de rose sur les flancs et de rouge sur la queue.

Au reste, même habitat dans les forêts de pins et de sapins, même mœurs, même nourriture : insectes, insectes toujours !

A l'automne, ces deux petits pics viennent quelquefois nous visiter jusque près des habitations et apporter à nos vergers les bons soins de leur parcours intéressé.

Deux autres espèces analogues, mais un peu moins communes et vivant dans les mêmes bois, ce sont : le *pic-leuconote*, qui a le dos blanc et est un peu plus

Fig. 45. — PIC-MAR.

grand que l'épeiche, dont il a le reste du plumage ; puis le *pic-mar*, un peu plus petit que l'épeiche, mais plus grand que l'épeichette : très-semblable à

Fig. 46. — PIC-VERT MALE et FEMELLE.

tous deux, mais avec les plumes rayées de brun au lieu de noir, comme le *leuconote*.

Le *pic-mar* est plus commun dans nos montagnes du Nord et de l'Est que dans celles du Midi ; on le rencontre plus volontiers parmi les chênes que les pins; c'est l'épeiche des bois feuillus : le moule réduit du *pic-vert* que nous verrons tout à l'heure. Il a déjà de commun avec lui son goût pour les fourmis.

Le *pic-tridactyle* est très-rare en France ; il ne se montre que dans nos Alpes, et pas souvent : c'est un ennemi déclaré du *cérambyx-héros* et de tous les *bostriches*. Il a, lui, la tête jaune en arrière, au lieu de rouge comme les précédents, pas de huppe et trois doigts seulement. D'ailleurs, mêmes mœurs.

Le *pic-vert* est le plus commun de nos pays. Il se tient partout, dans les forêts les plus sombres, dans les taillis les plus clairs, dans les vergers, sur les routes. Il est difficile de rester quelques heures dans nos campagnes, n'importe où, sans entendre son rauque glapissement quand il change de place, et sans apercevoir son vol saccadé, bien facile à reconnaître.

Un pic ne peut pas descendre. Il s'avance sur l'écorce, accroché par ses ongles, deux en avant, deux en arrière, formant une main qui saisit les aspérités. De plus, il lui fallait un siége, un point d'appui pour pouvoir piocher à son aise: la nature le lui a fourni dans sa queue, dont les plumes raides et en pointe s'arc-boutent contre les fissures de l'arbre, et permettent à l'oiseau, ainsi assuré, de jouer du bec comme le bûcheron de sa cognée. C'est le même système que celui de l'ébrancheur monté sur ses crampons et soutenu par sa ceinture de cuir.

Il faut trois points pour être stable.

Or, le pic ne peut demeurer la tête en bas, car sa queue, qui ne se relève pas, buttant contre les écorces, accélérerait sa descente et la métamorphoserait en chute. Que fait-il ? Il monte au faîte du tronc, rarement il dépasse une grosse branche, puis il se laisse tomber sur ses ailes.

Nous retrouvons un système tout semblable chez un autre petit oiseau qui monte et ne descend pas non plus : le *grimpereau*.

Tout le monde a vu le pic-vert avec sa calotte et ses moustaches rouges. La femelle a les moustaches noires.

Bechstein prétend que, dans la mauvaise saison, le pic-vert va jusqu'à attraper les abeilles dans leurs ruches... qui sait ?...

Le *pic-cendré*, plus rare chez nous, a le dessus de la tête cendré, et le mâle seul a un peu de rouge au front ; les moustaches sont noires et petites chez les deux sexes.

Tous deux sont grands amateurs de fourmis et

descendent à terre pour fouiller les fourmilières au moyen de leur langue gluante, qu'ils tendent sur le passage de ces insectes.

Cette friandise de fourmis nous servira de liaison pour rapprocher ici le *torcol vulgaire*, ce curieux oiseau aux contorsions bizarres, aux mœurs de transition. Le torcol, en effet, est un animal toujours rare, quoique se trouvant partout sur notre territoire ; il en est de lui comme de la *huppe*, — encore un autre mixte, — on l'entrevoit partout, on ne le rencontre nombreux nulle part.

Fig. 47. — TORCOL.

Le *torcol* est un pic qui n'est presque pas *pic*, en ce sens qu'il ne grimpe point : sa queue molle, flexible, s'y oppose. Il ne sait que s'accrocher aux écorces, comme le martinet aux murailles, pour enfoncer sa longue langue entre leurs brisures, sous leurs écailles, et y faire une récolte d'insectes et surtout de fourmis. Il aime tellement ces pauvres hyménoptères, qu'il va les attaquer jusque dans leurs forts, par terre, et fouiller leurs constructions, qu'il éparpille avec rage. Le pic-vert, d'ailleurs, en fait autant, et combien de fois ne l'avons-nous pas surpris, presque caché sur le sol, tendant sa langue gluante sur le chemin des travailleuses !

Le *torcol* est beaucoup plus petit que les pics-verts ; sa taille est à peu près celle de l'épeichette ; mais il a un charmant plumage varié de blanc, de gris, de noir, de roux, dont la description est presque impossible. C'est un oiseau soyeux, souple, solitaire et taciturne dans ses mœurs.

Pendant l'automne, tandis que les fourmis et leurs nids lui manquent, il se contente, selon Bechstein, des baies du sureau jusqu'au temps de son départ, temps parfaitement invariable, — la première quinzaine de septembre. — Indépendamment de la beauté de son plumage, cet oiseau est très-curieux par les mouvements qui lui ont valu son nom : il étend son cou et tortille sa tête de manière que le bec se trouve vis-à-vis du dos. Sa position normale est d'être tout à fait droit. Les plumes de sa tête et de sa poitrine sont très-lisses ; sa queue s'étend en éventail, tout en s'abaissant. Quand on lui présente sa nourriture, il s'allonge et s'aplatit doucement en avant, dressant les plumes de sa tête, tendant et tordant son cou, roulant ses yeux ; puis il abaisse et écarte sa queue et glousse sourdement. En un mot, il se met dans la plus bizarre attitude et fait les plus ridicules grimaces.

Les *sittelles* sont de charmants petits oiseaux gris bleuâtre, à ventre blanc, avec une bande rousse sur la queue; on les reconnaît de loin à leurs moustaches noires. Mais nous avons deux espèces, la *sittelle d'Europe*, qui fréquente les grands bois, et la sittelle *torchepot*, qui préfère les vergers et les arbres des haies e des champs. Celle-ci a le ventre beaucoup plus marron que l'autre.

Fig. 48. — SITTELLE D'EUROPE.

Ces oiseaux ont tout à la fois les mœurs des pics et celles des mésanges ; leur bec droit leur sert à fouiller les écorces, auxquelles elles s'accrochent d'autant plus facilement que l'ongle de leur pouce est fort et crochu. Leur queue ne leur sert point d'appui; elle est terminée par des plumes molles. Le *grimpereau*, que nous allons voir venir tout à l'heure, porte, au contraire, à la queue des pennes

Fig. 49. — GRIMPEREAU FAMILIER.

raides, pointues et usées, dont il se sert pour s'arc-bouter contre les écorces. On voit les sittelles se suspendre, comme les mésanges, à l'extrémité des brindilles flexibles, et elles répètent leur cri monotone toute la journée.

Malheureusement les sittelles ne sont pas uniquement insectivores; elles se rapprochent encore par ce point des mésanges: elles aiment les graines, et surtout le chènevis qu'elles dévastent, et les pépins huileux des tournesols. C'est au fermier à faire, dans ces circonstances, une guerre d'épouvantement pour les renvoyer aux arbres du voisinage qui ont toujours et sans relâche besoin de leurs services alors désintéressés.

Le *grimpereau-familier* se distingue des sittelles, dont il est souvent le compagnon, non-seulement par les pennes de sa queue, ainsi que nous venons de l'expliquer, mais par son bec plus grêle, courbé et pointu. Ce grimpereau est la vraie souris des arbres, montant à leur tronc en s'aidant de sa queue, inspectant chaque pli de l'écorce, entrant dans les trous des branches tombées. Il se retourne souvent la tête en bas; il trotte de sa petite marche affairée; puis, quand il a gagné le haut d'un arbre, il tombe en volant pour gagner le bas du voisin, d'où il remontera de même pour revoler encore à la tige de celui qui le suit.

Il est presque muet; il n'a pas le temps de chanter; il a toute cette mousse à visiter. Une petite mouche s'envole à son approche; il la happe d'un coup d'aile qui le ramène au point de départ sur sa branche, et il monte, il monte, tournant autour de la branche en poussant un petit cri sifflant. On le rencontre d'habitude dans les grands massifs de forêt ; il est farouche et méfiant. Celui que nous trouvons à chaque instant le long de nos avenues, des grandes routes, de chaque rangée d'arbres, et qui devrait bien être nommé le grimpereau familier, est le *grimpereau aux doigts courts* (brachydactyle), distingué du premier parce qu'il a les ailes tachetées et que le premier ne les a pas.

Ni l'un ni l'autre n'occupent jamais une position analogue à celle des autres oiseaux sur les branches horizontales ; même quand ils dorment, ils le font accrochés à l'écorce, dans une posture verticale ou oblique. Possédant au plus haut degré, grâce à sa queue, la qualité de grimpeur, cet oisillon ne sait pas ou ne peut pas descendre. Rarement, comme la sittelle, il arpente les grosses branches ; jamais il ne s'avance sur les petites.

Utile au plus haut degré.

A aimer et à défendre au besoin.

Le *tichodrôme* ou *grimpeur de murailles* est, comme notre grimpereau familier, un animal confiant, non farouche, et que l'on peut approcher presque à le toucher sans qu'il montre beaucoup d'inquiétude. Il semble que ces utiles oiseaux ont conscience de la reconnaissance que leur devrait montrer l'homme et ne peuvent le supposer ingrat.

Hélas! combien de fois sont-ils cruellement détrompés!

L'oiseau qui nous occupe se montre assez rare dans notre pays, puisqu'il reste confiné dans les

Fig. 50. — TICHODROME ÉCHELETTE.

montagnes des Alpes et dans les Pyrénées, où on lui donne le nom de *pic-aragne*, pic des araignées, parce qu'il parcourt, en papillonnant de ses ailes rouges et noires, les parois verticales des rochers à pic. Il grimpe par sauts successifs et va s'attachant à la plus mince anfractuosité, tandis que le battement de ses ailes le soutient en équilibre, et que de son bec très-long, grêle, courbé, il fouille les fissures de la roche.

C'est, au reste, un charmant oiseau rouge, noir et gris, vivant solitaire. On le nomme aussi *échelette*.

Utile ! utile de loin, utile par ricochet sans doute, mais à ménager.

DEUXIÈME PARTIE

OISEAUX DES CHAMPS

DEUXIÈME PARTIE.

OISEAUX DES CHAMPS.

CHAP. IV. — HABITANTS DES HAIES ET DES BUISSONS.

Linotte
Merle commun.
— à collier.
Grive litorne.
Grive draine.
— mauvis.
Traîne-Buisson.
Pitchou provençal.

CHAP. V. — HOTES DES SILLONS ET DES PLAINES.

Milan.
Faucon commun.
— émérillon.
— cresserelle.
Venturon.
Bruant proyer.
Ortolan.
Alouette commune.
— calandrelle.
— calandre.
— lulu.
— cochevis.
Pivote ortolane.
Pipi richard.
Farlouse.
Cujelier.
Pipi spioncelle.
— obscur.
Bergeronnette printannière.
— jaune.
Lavandière.
Traquet motteux.
Traquet stapazin.
— oreillard.
Tarier.
— rupicole.
Babillarde grisette.
Locustelle tachetée.
Guêpier.
Corneille commune.
— mantelée.
Corbeau freux.
Chouca.
Chocard.
Coracias.
Pie.
Étourneau.
Pluvier guignard.
Râle de genêt.
Caille.
Perdrix rouge.
Bartavelle.
Gambra.
Perdrix grise.

CHAP. VI. — CHASSEURS D'INSECTES AU VOL.

Hirondelle rustique.
— de fenêtre.
— de rivage.
— de rocher.
Martinet.
— des Alpes.
Engoulevent.

CHAPITRE IV.

HABITANTS DES HAIES ET DES BUISSONS.

Qui n'a pas fait fuir l'oiseau des champs, en suivant un sentier au bord de la haie? Qui n'a tressailli au brusque départ du merle partant de l'autre côté du buisson? Qui ne s'est jamais arrêté au pied des aubépines en fleur pour y admirer la patience et l'adresse du rouge-gorge au plastron de feu, en train d'éplucher une à une les brindilles à peine enguirlandées de feuilles entr'ouvertes?

Tous ou presque tous les habitants de ces haies, de ces bosquets, sont gracieux et charmants. Pourquoi faut-il que nous en fassions nos premières victimes? Enfants, ce sont leurs nids que nous pillons.

N'y retournons plus ; ni nous ni les nôtres !

Laissons en paix aimer, vivre et chanter ces amis que Dieu nous a donnés !

Près d'eux, sur le sol, parmi les mottes du labourage, au travers des prairies en fleurs, des grandes landes nues ou semées de pâquerettes, nous avons à connaître d'autres et nombreuses espèces, la plupart utiles, amies encore, à soigneusement conserver. Hélas ! leur chair est si exquise, à ces véritables hôtes des sillons, qu'on leur déclare une guerre acharnée! La gourmandise est une passion insensée quand elle mange, en une bouchée, le petit ami qui aurait économisé plusieurs boisseaux de grains pour le pauvre ou l'ouvrier...

Nous ne réfléchissons pas assez, tous tant que nous sommes, à la solidarité humaine.... Mais parler en ce sens, c'est prêcher dans le désert ou sembler un illuminé!

Que dire des *Chasseurs de nos insectes au vol?* sinon qu'ils sont, en France, assez bien respectés, mais qu'en Italie et ailleurs, on en fait des hécatombes déplorables dont nous, comme les autres peuples du continent, payons les frais. Tout se tient, et si l'hirondelle qui venait défendre mon modeste jardin est dévorée près des lacs du Piémont par les gourmands du pays, c'est moi, en définitive, qui régale, ce sont eux qui m'ont volé.

Parmi les charmants chanteurs de haies, nous commencerons par la *linotte*. Répandue l'été un peu partout pour faire son nid sous les buissons, elle se rassemble à l'automne en nombre prodigieux dans la campagne. Ces bandes volent très-serrées, s'élevant ou s'abattant en même temps, et leur vol ne s'exécute pas par élans comme celui du moineau. Ces oiseaux, charmants individuellement, sont des dévastateurs redoutables; essentiellement granivores, ils s'abattent sur les champs de millet, de lin, de rabette, de chènevis, et y exercent un véritable pillage. Tout le monde connaît ce petit chanteur à tête rouge carmin, à poitrine de même couleur, teinte qui ternit et disparaît quand il est en cage.

Cet oiseau est très-recherché à cause de son chant.

Fig. 51. — LINOTTE.

Il fait preuve d'une réelle aptitude pour apprendre les airs qu'on lui répète, et il retient même les mélodies des autres oiseaux. Les femelles ne chantent pas.

Le nid de la *linotte* est formé, à l'extérieur, d'un peu de mousse et de radicelles tissées. L'intérieur est composé de mousse adroitement tassée, et l'oiseau y pond cinq œufs verdâtres tachés de brique au gros bout.

Nous plaçons le *merle* parmi les habitants des haies, quoiqu'il se tienne aussi souvent le long des lisières des forêts — ce qui l'eût fait rentrer dans la division I, 2 — et qu'on le rencontre dans les buissons et les bosquets. Mais c'est que, dans tous ces endroits, le merle est indifférent à l'homme, et ne lui serait qu'utile si l'on considérait seulement sa chair de très-bonne qualité, tandis que dans les jardins son action est tout autre. De même dans les vignes (voy. VI, 15) et surtout parmi les treilles.

Dans les bois et les haies, les merles sont surtout vermivores; ils descendent volontiers à terre pour y chercher leur nourriture; ils y marchent avec facilité, imprimant à leur queue des hochements plus ou moins vifs et brusques. Ils aiment les larves et font la guerre à celles qui viennent ou sont rejetées à la surface. Sous ce rapport encore, ils rendent quelques services en se glissant sournoisement et silencieusement sous les feuilles basses des branches du jardin anglais; mais où ils deviennent insupportables, c'est quand, en vertu de leurs propensions baccivores et frugivores, ils dévastent les cerisiers, les mûriers, les treilles, les figuiers, en un mot tous les fruits doux et tendres qui leur tombent sous le bec!

En ce sens-là, ils ne sont pas difficiles : tout leur est bon, et leur goût omnivore s'accommode également bien des morceaux de pain qu'ils rencontrent et des vers ou insectes qu'ils déterrent. En automne, une certaine partie des habitants de nos haies se réunissent en petites bandes et gagnent les pâturages, cherchant une nourriture plus facile et abondante, alors que la gelée a dégarni les haies de leurs fruits.

Le merle, qui niche près des habitations, est cependant un oiseau défiant, interrompant sa chanson et se cachant dans les branches d'un buisson dès qu'il entend un pas approcher. Malgré cela, lorsqu'on a soin de ne pas l'inquiéter, il finit par perdre un peu de sa sauvagerie (V. Fig. 1, en face du titre).

« Cet oiseau, dit J. Franklin, est un hôte fréquent et bien venu des districts cultivés. Il se multiplie en raison de l'accroissement que prend le travail des champs. Dans les endroits où les légumes et les fruits croissent en abondance, afin de pourvoir aux besoins de quelque ville voisine, vous êtes sûr de trouver aussi les merles en abondance. Si le jardinier étudie ses propres intérêts, il encouragera ces oiseaux au lieu de les chasser ou de les exterminer, car ils nettoient le terrain en détruisant un nombre énorme de colimaçons et de limaces. Beaucoup de plantes de choix se trouvent ainsi sauvées de leurs véritables ennemis par l'intervention des merles. Cette vérité d'histoire naturelle commence à être admise par les agriculteurs. »

Cependant, diront ceux-ci, les merles ne dédaignent pas les baies et les fruits, dont ils font une assez grande consommation ; donc ils nous sont nuisibles, du moins dans ce cas.

Soit. Reste à savoir si le bien que les merles nous font l'emporte sur le dommage qu'ils nous causent. Or l'hésitation n'est pas possible si l'on réfléchit que ces oiseaux ont deux et même trois couvées dans la belle saison, que les petits sont de grands mangeurs et que, pour nourrir cette quantité de becs toujours affamés, les parents sont obligés de faire une chasse perpétuelle aux limaces, aux colimaçons et autres insectes nuisibles aux cultures de l'homme.

Au sortir du nid, les jeunes se séparent et continuent l'œuvre de nettoiement ; ce n'est qu'un peu plus tard, pour varier leur régime, qu'ils se jettent sur les fruits, et, franchement, ce serait de l'ingratitude de notre part que vouloir leur disputer le modeste salaire qu'ils réclament pour leurs peines.

Nous venons de dire que le merle a deux ou trois couvées par an ; cependant, quand les chaleurs sont tardives, il peut n'en avoir qu'une ; dans le premier cas, il chante tout l'été ; dans le second, il ne commence à faire entendre sa voix que quand la saison est très-avancée. Le chant cesse vers l'automne, époque de l'émigration.

Tous les merles ne nous quittent pas lorsque les

Fig. 52. — LITORNE.

froids arrivent : un certain nombre d'entre eux passent l'hiver dans nos jardins, où ils se nourrissent d'escargots et de limaces. Quand les froids sont rudes, ils se mêlent aux troupes de moineaux et de rouges-gorges et viennent dans les cours des fermes chercher leur nourriture. Lorsqu'enfin le froid est excessif, les pauvres merles périssent... Mais il faut des hivers bien rudes pour produire cet effet, ces oiseaux ayant la vie très-dure.

Tout le monde connaît le merle noir — ceux qui ont le bec jaune sont des mâles, la femelle adulte a le bec brun — mais on connaît moins le *merle à plastron*, *merle à collier* ou *merle de montagne*, car il a tous ces noms à cause de sa gorge grise et blanche au printemps. Il vit au milieu des rochers et le plus haut possible sur les montagnes ou les collines.

Après les merles, les *grives*. Pillards et Compagnie, telle peut être l'enseigne de cette grande famille, composée de deux branches.

La *litorne* est une des plus grosses de nos grives, et, en automne, les bandes émigrantes qui nous arrivent sont quelquefois composées d'un nombre considérable d'individus.

La *draine* ou *grive de gui* est préposée à la propagation de ce parasite célèbre de nos arbres forestiers et fruitiers : elle le sème partout, mais plus rarement sur le chêne qu'ailleurs. Nous l'avons vu. ce parasite, non-seulement sur les pommiers et poiriers, sur les peupliers-tremble et d'Italie, sur les tilleuls et sur l'acacia, mais encore sur l'épine blanche. Les graines du gui sont de petits fruits blancs composés d'une enveloppe et d'un noyau. Ce dernier ne se digère point dans l'estomac de la draine, qui le rend avec ses déjections partout où elle se trouve, c'est-à-dire sur tous les arbres. Le hasard fait le reste.

Fig. 53. — DRAINE ou GRIVE DE GUI.

Cette grive descend en outre dans les prairies à l'abri des haies pour y manger des vers et des insectes. Tout balancé, elle est indifférente, le mal qu'elle fait pouvant être compensé par sa qualité de mangeur de larves. Elle arrive en petites bandes et une des premières, avant la *mauvis* et la *grive chan-*

teuse. C'est la plus grosse de nos grives. On la reconnaît à ses taches en fer de lance à la gorge, à ses joues cendrées, à son bec jaunâtre à la base et à son œil noisette.

La *mauvis* est un oiseau sociable, qui nous arrive en troisième lieu, si nous consultons l'ordre d'apparition des grives de diverses espèces : *draine*, *grive ordinaire*, *mauvis*, *litorne*. La mauvis arrive en bandes considérables et au vol rapide ; elle se reconnaît à ses taches, qui s'étendent sans interruption du menton à l'abdomen. Le ventre est blanc pur comme fond et les flancs roux ardent. Pendant l'été, la mauvis est une amie des lisières et même des petits bois, où elle cherche, pour nicher, les sorbiers, les aunes, les sureaux. Pendant l'hiver, elle vient facilement à la graine du sorbier des oiseleurs, à laquelle on a donné le nom de *graine de grives*. Elle se cantonne alors dans les vergers et les jardins anglais.

Nous sommes obligé de porter la *grive musicienne* ou *grive commune* au chapitre des *ennemis de la vigne* (VI, 15), quoique nous pussions motiver sa présence ici par les dégâts qu'elle fait dans les cerisiers ; mais elle est mieux à sa place dans l'autre chapitre, parce qu'elle se montre plus souvent encore commensal de la vigne et qu'elle en tire son nom. C'est la *grive de vigne* du chasseur.

La *gorge-bleue* est un de ces moules réduits que le naturaliste est obligé de classer auprès du rouge-gorge, à la suite des merles et des grives (voy. IV, 11).

Pauvre petit *traîne-buisson!* charmant chanteur, mélancolique voix qui nous touche comme la plainte

Fig. 54. — GORGE-BLEUE.

de la brise et le murmure du ruisseau! Pourquoi l'enfant désœuvré te poursuit-il jamais? Pourquoi le collégien impatient de faire ses preuves te prend-il trop souvent pour but de ses premiers coups de fusil! Hélas! par suite de ta familiarité excessive. Tu es là, sautillant à terre auprès de la haie, cherchant de ton bec gracieux quelque ver, quelque larve, tournant vers l'homme qui te regarde ton œil brun si intelligent, et la mort arrive, imprévue, foudroyante, comme celle que le sage souhaite pour lui au milieu des siens!

Le traîne-buisson du peuple porte le nom de *mouchet chanteur* ou *accenteur mouchet,* car il est un

Fig. 55. — TRAINE-BUISSON.

des accenteurs de notre beau pays de France. Il est l'accenteur des vallons, des vergers, des jardins, des haies, en un mot, des broussailles, tandis que l'autre accenteur, le *pégot*, est l'hôte assidu des Alpes et des Pyrénées. S'il descend l'hiver dans la plaine, c'est que la neige l'a chassé devant elle en étendant son blanc manteau sur la montagne. Ce brave pégot est si peu farouche, si confiant, qu'on peut l'approcher à 1 ou 2 mètres sans qu'il s'en étonne; il vous regarde de son grand œil noisette, tourne sa petite tête grise, fait des mines, sautille et semble dire : Qui es-tu? et que veux-tu?

Puis, tout à coup, de la pierre ou du rocher sur lequel il est perché, il s'élance tout droit en l'air et papillonne comme le fait la *fauvette grisette*, soit pour saisir un insecte au vol, soit simplement en signe de gaîté.

Le mouchet traîne-buisson n'est pas plus farouche que son représentant de la montagne; il place son nid composé de mousses et de feuilles sèches, de brins d'herbe et de menues racines avec quelques crins à l'intérieur, dans les haies, sur les buissons. Avis aux dénicheurs! Qu'ils veuillent bien l'épargner; c'est un infatigable échenilleur, c'est un ami de tous les instants; laissez-le croître et multiplier. C'est déjà bien assez qu'il ait pour parasite le coucou qui, presque toujours, choisit le nid du courageux traîne-buisson pour lui confier sa progéniture... bien entendu en détruisant celle du confiant oiseau. Tous les enfants connaissent ces petits œufs bleu céleste; le coucou les jette dehors.

Au point de vue où nous nous plaçons dans cette étude, c'est-à-dire au point de vue de l'utilité de l'oiseau pour l'homme et ses divers travaux culturaux, nous ne pouvons voir grand mal à cette substitution. En effet, insectivore pour insectivore, le bienfait est le même : l'un défend les forêts, l'autre eût défendu les récoltes. Les uns et les autres importent au bien-être de l'humanité. Mais au point de la justice naturelle, c'est autre chose.

Parmi les habitants des haies et des buissons, mais relégués sur les coteaux incultes, nous trouvons le *pitchou provençal*. Non-seulement il aime le Midi, mais il est sédentaire en Bretagne, où on le voit sur les landes arides couvertes de bruyères et d'ajoncs. Ce petit oiseau, vif, pétulant, toujours en mouvement, est facilement reconnaissable à sa longue queue relevée, soit à terre, soit sur les buissons. Son vol est bas et s'exécute par soubresauts.

Principalement insectivore, n'approchant jamais des maisons, et réduit aux baies sauvages des endroits incultes qu'il habite, le pitchou ne doit donc être considéré que comme un ami participant, autant qu'il dépend de lui, à la grande croisade contre les dévastateurs de toute sorte qui fourmillent dans la campagne. Son nid doit donc être ménagé, et il le fait près de terre, sous les haies, dans la même forme et avec les mêmes matériaux que les autres fauvettes. Il est d'ailleurs toujours caché au plus profond des buissons qu'il fréquente.

CHAPITRE V.

HOTES DES SILLONS ET DES PLAINES.

Parmi les oiseaux de proie qui planent constamment au-dessus des plaines pour y chercher leur

Fig. 56. — MILAN ROYAL.

proie, nous citerons le *milan*, mais il est rare dans le Nord. Dans le Midi, il est un peu plus commun;

ses dégâts sont à peu près nuls, car il aime les bords de l'eau ; aussi nous n'en parlerons point : nous avons hâte d'arriver aux ennemis terribles du cultivateur, aux *faucons*, que nous reconnaîtrons tous à la tache noire triangulaire qu'ils portent de chaque côté du bec.

Fig. 57. — FAUCON COMMUN.

Le *faucon commun* se rencontre dans le Midi surtout, ce qui ne l'empêche pas de se trouver un peu partout et d'établir ses chasses aux environs des grandes forêts. L'essentiel est qu'il y ait abondance de nourriture; aussi le rencontre-t-on toujours aux alentours des parcs et réserves de faisans.

Son audace est extrême, et M. Gerbe en cite un exemple curieux. « Il y a quelques années, dit-il, un faucon pèlerin était venu s'établir, en septembre, sur les tours de la cathédrale de Paris. Pendant plus d'un mois qu'il y demeura, il faisait tous les jours capture de quelques-uns de ces pigeons que l'on voit voltiger çà et là au-dessus des maisons. Lorsqu'il apercevait une bande de ces oiseaux, il quittait son observatoire, rasait les toits, ou gagnait le haut des airs, puis fondait sur la bande et s'attachait à un seul individu qu'il poursuivait, avec une audace inouïe, quelquefois à travers les rues des quartiers les plus populeux. Rarement il retournait à son poste sans emporter dans ses serres une proie qu'il dépeçait tranquillement et sans paraître affecté des cris que poussaient contre lui les enfants. Il chassait le plus habituellement le soir, entre 4 et 5 heures, quelquefois dans la matinée; tout le reste de la journée il se tenait tranquille. Les amateurs aux dépens de qui vivait ce faucon finirent par ne plus laisser sortir leurs pigeons, ce qui probablement contribua à l'éloigner d'un lieu où la vie était pour lui si facile. »

A mort! sans rémission! par tous les moyens possibles : feu, fer, poison, piéges au haut des poteaux, etc.

Comme moule réduit, citons l'*émérillon*, le bourreau des petits oiseaux, reconnaissable à son dos cendré bleu ou roux, son ventre roux à taches en long et ses pieds jaunes. Quoique l'un des plus petits parmi les oiseaux de proie, il est courageux

Fig. 58. — ÉMÉRILLON.

et bien armé : on l'a vu tuer une perdrix d'un coup de bec. Son vol est bas et rapide, et on le trouve d'habitude au bord des haies, où il recherche sa proie.

Le *faucon cresserelle*, un peu plus grand, a le

dos brun taché de noir; le reste ressemble à l'émérillon, mais les taches des plumes sont rondes ou ovales.

Celui-ci est, sans contredit, l'oiseau de proie le plus commun de la France; c'est encore un ennemi né des petits oiseaux des bois et surtout des haies et des sillons. A chaque pas, dans la campagne, on le voit planer au-dessus d'une malheureuse alouette qu'il fascine et qu'il enlève. Il exécute d'ailleurs la même manœuvre au-dessus du mulot qu'il surveille. Mais, malgré la grande destruction qu'il peut faire de ces dangereux rongeurs, je suis persuadé qu'on trouve à son actif plus de mal que de bien.

Je le condamne donc sans miséricorde, quoique l'on puisse ajouter encore, pour sa défense, qu'on l'a vu, pendant les soirs d'été, s'abattre sur les hannetons.

Après les mangeurs, les mangés, et d'abord remarquons qu'il faut regarder les *gallinacés* — poules, perdrix, cailles, etc. — comme le véritable type des hôtes des sillons. Cette adaptation naturelle est admirablement définie par les formes, le plumage, les mœurs de ces oiseaux. Mais ils ne sont pas les seuls destinés par la nature au peuplement de nos plaines. Toutes les grandes familles, celle des passereaux, entre autres, ont dans leur sein un certain nombre d'adaptations de leur type à ce même milieu. C'est ainsi que l'alouette est pour

Fig. 59. — VENTURON.

nous le *moule gallinacé* adapté aux *passereaux*.

Fig. 60. — BRUANT PROYER.

Nous pourrions multiplier les exemples; mais celui-ci nous semble suffisant, parce qu'il est frappant.

Outre ces adaptations tranchées, un certain nombre d'autres demeurent mixtes ou, pour ainsi dire, indécises entre notre division V, et celle qui la précède, IV. De ce nombre est le *venturon*, un cousin de la linotte, et un habitant exclusif du Midi de la France. Doux, timide, peu farouche, il fréquente en hiver les plaines en friche, le haut des coteaux, et dévaste les plantations de lavande. En été, il fuit sur les hautes montagnes. Très-recherché en certains endroits à cause de son chant, on est parvenu à le faire reproduire avec le canari.

Le *bruant proyer*, qui se reconnaît à la couleur brune de son dos et aux taches roussâtres qui s'étalent sur le fond blanc du déssous de son corps, recherche les plaines découvertes et se rassemble, seulement à l'automne, en bandes serrées sur les buissons. Il niche à terre dans les genêts, les grains ou même les prés, et, comme les autres bruants si nombreux, se nourrit de graines farineuses, de baies et d'insectes pendant la jeunesse de ses petits. En hiver, tous se rassemblent, se mêlent à des moineaux, à des pinsons, et viennent jusque dans les cours des fermes. Tels sont : le *bruant jaune*, le *zizi*, le *fou*.

L'*ortolan*, au contraire, ne s'attroupe jamais.

C'est d'ailleurs un ami du soleil, un habitant du Centre et du Midi de la France. Le *cendrillard* a les mêmes mœurs et les mêmes allures. On ne le trouve en petites familles que pendant quelques jours à

Fig. 61. — ORTOLAN.

l'automne, avant que chacun des jeunes ait tiré de son côté.

L'organisation des alouettes est spécialement adaptée aux *hôtes des sillons*: essentiellement marcheuses, la présence au pouce d'un ongle excessivement développé semble avoir pour but de donner à l'animal plus d'assiette sur la terre détrempée par les pluies. Ceci n'est cependant qu'une hypothèse, rien de plus ! Quoi qu'il en soit, les alouettes perchent peu : cet ongle les en empêche, et elles ne le font guère que sur de larges surfaces. De mœurs so-

Fig. 62. — ALOUETTE COMMUNE.

ciables, elles passent en troupes la plus grande partie de l'année, et leur régime semble mi-partie végétal et animal.

On leur a beaucoup reproché la consommation de blé qu'elles font, sans songer qu'elles y joignent une quantité de graines de plantes nuisibles, ou au moins embarrassantes pour nos cultures, et, très-probablement, une forte partie de chenilles, vers, larves, insectes, pendant le premier élevage de leurs petits. Il est à remarquer que chez presque tous les oiseaux granivores, la première enfance a besoin d'une nourriture plus succulente et que les parents la trouvent dans les animaux répandus autour d'eux.

Telles sont les mœurs de l'*alouette des champs*

Fig. 63. — CALANDRE.

ou *alouette commune* que tout le monde connaît; de la *calandrelle*, une des espèces du Midi; de la *calandre*, sa compagne; tandis que l'*alouette lulu*, sédentaire aussi dans notre pays, perche quelquefois sur les arbres. On donne à cette dernière le nom de *petite alouette huppée*, qui la caractérise bien, et, au lieu de se réunir en grandes troupes comme les autres espèces, elle marche par familles de 10 à 15 individus, plutôt sur les coteaux que dans les plaines, et surtout là où croissent le thym et autres plantes aromatiques.

La *calandre*, comme la *calandrelle*, se nourrit en été de blé et d'avoine, en hiver d'herbes et de vers. Le mal est-il couvert par le bien? Je ne sais.

Fig. 64. — ALOUETTE LULU.

Les *cochevis* diffèrent beaucoup par leurs mœurs et leurs habitudes des autres alouettes. Moins voyageuses, plus familières des lieux habités par l'homme, elles ne se réunissent jamais en troupes, mais vivent isolément, plus ou moins rapprochées selon l'abondance de l'espèce. Leur huppe est remarquable et leur taille plus considérable que celle des autres espèces. Au reste, granivores comme elles et aimant à chercher les grains ramollis dans la fiente des chevaux.

On rencontre cet oiseau, mais rarement, perché sur les arbres à l'entrée des bois : il se pose quelquefois sur les toits et les murs de clôture. Le chant des mâles, très-élevé, mais en même temps d'une douceur incroyable, les fait quelquefois rechercher comme oiseaux de volière. Malheureusement ils ne se conservent pas : ils estiment la liberté comme le premier de tous les biens et meurent quand ils l'ont perdue.

Fig. 65. — ALOUETTE COCHEVIS.

La femelle fait son nid à terre, dans le voisinage des grands chemins. Elle couve assez négligemment les 4 ou 5 œufs qu'elle pond; mais, une fois que les petits sont éclos, elle les soigne avec un dévouement sans bornes jusqu'à ce qu'ils soient assez forts pour prendre leur volée.

Au milieu des petites familles de calandrelles, sur les coteaux et les lieux arides du Midi, parmi les bruyères et le thym, on trouve un petit oiseau voisin, c'est la *pivote ortolane* ou la *fiste de Provence*. Sans être une alouette véritable, ce petit animal (*agrodrome champêtre*) s'en rapproche beaucoup,

Fig. 66. — PIPI RICHARD.

et sa queue, quand il marche, se balance comme celle des bergeronnettes. Ce charmant oiseau à livrée d'alouette, — moins l'ongle du pouce et plus une moustache brune, — est un oiseau utile, car il se nourrit presque exclusivement de sauterelles et de criquets, hélas! trop abondants dans ces parages.

Dans les mêmes endroits, signalons aussi le *pipi*

richard (corydalle), un très-proche parent, qui ne vit que de fourmis.

Nous arrivons ainsi à la *farlouse* ou *pipi des arbres*, que l'on pourrait appeler l'alouette des buissons et des taillis, et que nous devrions placer dans la division (I, 2) des habitants des lisières de nos bois. Elle aime également les vignes, où elle passe l'été, mais ne va jamais par bandes (VI, 16). A l'automne, elle rejoint dans les prairies humides le *cujelier* ou *pipi des prés*, qui ne quitte guère, lui, cette abondante mine d'insectes, sinon dans les jours les plus chauds, où il se répand par la campagne et monte jusque sur les plateaux arides des plus hautes montagnes. Le cujelier a les pieds jaune roux; la farlouse les a verdâtres. Quoique mangeur d'insectes, le cujelier ne dédaigne pas les

Fig. 67. — FARLOUSE.

graines à certaines époques. Ainsi, à l'automne, il se nourrit de navette, de millet, de graminées et d'avoine; au printemps, il se contente des jeunes pousses d'herbes, du cresson, et, à leur apparition, des bourgeons du noisetier.

De ces aptitudes diverses résulte que le type

Fig. 68. — CUJELIER ou PIPI DES PRÉS.

alouette, plus ou moins modifié, remplit toutes les adaptations nécessaires de la nature autour de lui. Nous avons vu l'alouette des champs, des plaines cultivées, puis celle des buissons et des taillis, celle des arbres, celle des prairies, celle des lieux arides; voici venir celle des rivages, dans le *pipi spioncelle!*

Pendant l'hiver, celui-ci demeure au bord des eaux; pendant l'été, il escalade les montagnes comme le cujelier, dont le distinguent tout de suite ses pieds brun marron et son bec noir, tandis que celui des autres est brun et roux.

Ce n'est pas tout: il nous faut encore l'adaptation du même type aux bords de la mer. La voici dans le *pipi obscur*, qui ne se plaît que sur les grèves et parmi les rochers que la mer couvre et découvre alternativement. Celui-là ne peut trouver en ces lieux aucune baie, aucune graine; nous sommes donc bien certains qu'il est absolument insectivore. Effectivement, il passe sa vie à poursuivre les mouches, les insectes et les milliers de petits crustacés qui pullulent en ces endroits (IV, 11).

Admirable confirmation de notre présomption, que plus le type s'éloignait de l'alouette franche, moins il restait garnivore, ce qui nous a fait écrire que les pipis étaient insectivores (IV, 16).

Nous rencontrons le *pipi obscur* sur nos côtes, depuis Dunkerque jusqu'à Bayonne; on le reconnaît à son manteau plus sombre que celui du spioncelle et à son ventre blanchâtre lavé de chamois.

Mais peu à peu la queue s'allonge, le bec s'effile, les pattes se haussent, le type bergeronnette se produit et nous arrivons, par cette voie, à ces gracieux et utiles habitants des sillons. En même temps, la coloration change et les habitudes deviennent encore plus aquatiques que chez les derniers types. Quoi qu'il en soit, les endroits de prédilection de ces charmants oiseaux sont les pays de plaines, les chaumes, les terres en labour, les prairies de toute espèce, surtout quand elles sont débarrassées de leur toison, car la bergeronnette a besoin, pour marcher, de balan-

Fig. 69. — BERGERONNETTE PRINTANIÈRE.

cer sa longue queue. Elle ne le pourrait faire dans l'herbe; aussi ne s'y aventure-t-elle point. Elle aime également à vivre dans le voisinage des troupeaux, là où les mouches se rassemblent en abondance; elle les prend habilement, et s'élance en tourbillonnant à quelques mètres de terre pour y réussir.

Nous reconnaissons, parmi ces aides gracieux,

détruisant mouches, cousins et le reste, la *bergeronnette printanière*, puis la *bergeronnette jaune*, celle-ci moins jaune que la première. Toutes deux ont les mêmes mœurs que nous venons de décrire.

Quant à la *bergeronnette grise* ou *lavandière*, elle est plus aquatique que les autres et craint davan-

Fig. 70. — BERGERONNETTE LAVANDIÈRE.

tage l'herbe, dans laquelle elle n'aime pas à entrer. Aussi choisit-elle de préférence, à l'automne, les toits des maisons pour s'y rassembler en troupe et y jouer, tandis qu'elle happe au passage les mouches réveillées naguère par le soleil de midi et alourdies bientôt par la fraîcheur du soir. On donne à ce charmant auxiliaire le nom de *hoche-queue*, qui s'explique de lui-même, et l'on doit remarquer que son vol saccadé, oscillant, est accompagné d'un petit cri répété qu'il lance continuellement.

La lavandière quitte quelquefois le bord de l'eau pour les terres labourées, même les terres hautes. Une autre espèce, le *hoche-queue boarule*, propre

Fig. 71. — TRAQUET MOTTEUX.

au Midi, n'abandonne jamais l'eau, et nous devons le reporter absolument aux oiseaux de rivages (IV, 16).

Voici venir un hôte véritable des campagnes dénudées. Il ne se plaît que dans les lieux découverts: moins ils sont fertiles, plus le *traquet motteux*, ou *cul-blanc*, s'y trouvera à son aise, perché sur un caillou, sur une motte de terre, balançant sa queue et montrant au loin sa poitrine rousse, sa moustache noire et son ventre blanc. Jamais on n'a vu le traquet dans le bois; quelquefois il se hasarde à percher sur la plus haute branche d'un buisson de la haie, mais c'est tout. D'ailleurs, son vol peu élevé est irrégulier et le porte par bonds d'une pierre à l'autre le long du champ qu'il explore. Toujours seul, il fuit ses pareils, et se nourrit surtout de vers et d'insectes.

Sur les montagnes du Midi, le *motteux* est remplacé par un autre traquet, le *stapazin* à tête blanchâtre et qui passe sa vie à prendre les insectes au vol ou à la course. Il est aidé dans les mêmes endroits par l'*oreillard*, à la tête tout à fait blanche avec les côtés noirs. On dit que ces deux derniers traquets ont le don particulier de contrefaire le chant des autres oiseaux. Cela ne nous étonnerait point, car, même dans notre pays, un certain nombre d'oiseaux fort différents ont également cette faculté: entre autres une pie-grièche et une fauvette des roseaux.

Les gentils traquets ne sont point les seuls amis de nos plaines; ils s'y montrent — surtout dans le Centre et le Nord — accompagnés en grand nombre par les *tariers*, comme eux mangeurs d'insectes et utiles au cultivateur avant tous les autres oiseaux. Que n'est-on parvenu à multiplier ces aides toujours à la besogne dans nos campagnes! Mais hélas! le nid du motteux est à portée de la main, sous les fagots, dans un tas de bois, de pierres, dans un trou de la vieille muraille du jardin, de la grange ou du pont, quelquefois sous l'abri des voitures; un gamin passe.... et fait le reste! La couvée meurt dispersée ou étouffée sans pitié.... pour jouer!

Et l'été suivant, les taupins envahissent les blés et

Fig. 72. — TARIER RUPICOLE.

les sauterelles mangent l'herbe, et mille autres apportent leur contingent de dévastation. Alors le fermier se désole. Ah! malheureux! n'as-tu pas fait — toi ou les tiens — ce qu'il fallait pour cela! Ne t'en prends qu'à toi-même et apprends à devenir sage, sinon par raison, du moins par intérêt.

Les tariers ont la poitrine rousse, le cou blanc, une tache blanche sur l'aile et le manteau brun noirâtre. Ils fréquentent les prairies, les pâturages, les coteaux couverts de bruyères, d'arbres nains, les bords des chemins, et se perchent volontiers sur la plus haute cime des arbres, des arbustes et des plantes. S'ils approchent d'une vigne, ils se planteront sur le plus haut échalas. Ils aiment les champs de colza, mais

Honni soit qui mal y pense!

ils sont insectivores, partant utiles là comme partout, car il n'y manque malheureusement pas de chenilles à dévorer.

Cet oiseau est aidé dans son ministère par une seconde espèce très-semblable, le *tarier rupicole* ou *traquet*, dont la tête toute noire, la poitrine rousse et le croupion blanc sont faciles à reconnaître. Tout le monde a vu le traquet dans les champs. Respectons ses œufs verdâtres, tachés finement de roux, qu'il pose un peu partout parmi les pierres et les rochers.

Nous avons dû séparer les *fauvettes* partie dans les jardins (III, 8) et partie dans les bois (I, 2). Il nous reste pour hôte des champs la *babillarde grisette*, l'une des plus jolies espèces, à laquelle on donne le plus souvent le nom de *fauvette grise*. Cet oiseau n'est rare nulle part: il niche dans les taillis, les buissons, les broussailles, les champs de pois, de fèves et de colza, où il cherche sa nourriture.

Fig. 64. — FAUVETTE GRISE.

On le voit sans cesse s'élever perpendiculairement, pirouetter en chantant, retomber sur le buisson ou parmi les herbes d'où il est sorti et s'y enfoncer en continuant son ramage. Quel est le but de cette gymnastique? On ne le sait pas. Cherche-t-il des insectes au vol?

Dans le Midi de la France, la grisette se nourrissant presque exclusivement, vers la fin de l'été, de figues et des fruits du pistachier térébinthe, sa chair acquiert un excellent goût.

Faut-il voir dans ces mœurs un ami? Nous ne le pensons pas. Si elle mange la figue, elle ne doit pas épargner le raisin ni les cerises en leur temps.

Nous passons maintenant à une autre famille d'oiseaux, insectivores exclusivement: ce sont les *fauvettes de roseaux* ou *grimpeuses* (les *calamoherpes*), parmi lesquelles nous trouvons un organisme qui nous représente si bien le type alouette que Buffon l'avait nommé *alouette locustelle;* aujourd'hui elle est devenue la *locustelle tachetée.* C'est une amie des pâturages, des haies, des ajoncs et des bruyères sèches ou humides.

Similitude singulière, la locustelle *marche* et ne saute pas: rarement elle grimpe, par conséquent le type calamoherpe s'y efface presque entièrement et — analogie frappante! — le plumage est grivelé de taches oblongues, la queue est barrée de raies transversales, qu'on voit au faux jour. Ces oiseaux — moule de transition évident — nichent près de terre; leur chant est strident et non plus modulé; leur vol est lourd et si peu soutenu que, quand elles sont grasses, à la fin de l'été, en les relevant deux ou trois fois, on les prend à la main.

Elles se nourrissent d'insectes et de vers, et sont communes en Bretagne. Le nid est fait sans soin — un paquet d'herbes sèches! Cet oiseau, d'après M. Hardy, est timide et défiant, vivant toujours près de terre, dans l'épaisseur du fourré, fuyant à travers les cépées, ou courant prestement et en relevant sa queue longue et épanouie. Il échappe aisément aux poursuites du chasseur, qu'il sait dérouter en se cachant de telle sorte que celui-ci ne peut ni l'apercevoir ni le déterminer à sortir du buisson qui le révèle. Ces mœurs cachées rendent fort difficile la découverte de son nid.

« Sa vie se passe donc plutôt à terre que sur les arbres ou les arbustes. Sa démarche est lente, gracieuse et mesurée comme celle des pipis des arbres et des prés; en marchant, elle a un petit tremblement de tout le corps, comme si ses jambes ne pouvaient la soutenir, et lorsque quelque chose l'affecte, elle développe sa queue en éventail, par de petits mouvements brusques.

« Le chant de la locustelle tachetée a beaucoup de rapport avec le bruit que le grain produit sous la meule. Elle pousse parfois un cri très-prolongé, qui lui a valu, dans le département de Maine-et-Loire, aux environs de Beaupréau, le nom de *longue-haleine*, et sur quelques points de l'arrondissement de Dieppe, celui de *crécelle*, à cause de la ressemblance de ce cri avec le bruit des petites crécelles dont on amuse les enfants. »

« C'est, dit encore M. Hardy, en se tenant immobile sur le bout d'une branche, le cou tendu et le bec ouvert, que le mâle fait entendre, surtout après le coucher du soleil et de grand matin, ce cri monotone auquel, par une faculté de ventriloquie, il semble donner, à volonté, plus ou moins d'extension, de manière à tromper souvent sur la distance qui le sépare de la personne qui l'écoute ; ce chant d'amour s'éteint, en été, avec la vivacité des désirs dont il était l'expression. »

Ici nous quittons ce que l'on peut appeler les petits oiseaux, pour en aborder d'une taille un peu plus forte, lesquels nous amèneront aux *corbeaux* et autres *ejusdem farinæ*. Le premier qui se présente est le *guêpier*, un passager de nos campagnes et l'un des mieux habillés parmi nos hôtes de rencontre. Le rollier seul (voy. I, 2) peut lui disputer la palme de la beauté.

La Provence voit tous les ans quelques-uns de ces beaux oiseaux s'arrêter et nicher sous son climat favorisé. Ils aiment les falaises terreuses, les plaines et les coteaux sablonneux. Ils y font la chasse aux *hyménoptères*, surtout aux genres bourdons et guêpes, qu'ils cherchent et dont les individus sont très-nom-

Fig. 74. — GUÊPIER.

breux dans les endroits dont il s'agit, parce qu'eux-mêmes viennent y creuser des nids pour leur progéniture. Ce serait une erreur de croire que, sous les noms de bourdons et guêpes, les naturalistes — et le guêpier avec eux — ne comprennent que la guêpe qui nous pique et le gros bourdon noir que nous voyons, au printemps, parcourir les bords du chemin. Ces deux genres et quelques-uns voisins renferment une très-grande quantité d'espèces, dont le guêpier fait son profit avec une impartialité qui, je le crains, ne met même pas l'utile abeille en dehors du festin !

Ce mangeur d'insectes est brun marron nuancé de verdâtre; la gorge est d'un beau jaune d'or, ainsi que le croupion; collier noir, poitrine et ventre bleu vert changeant; moustaches noires, ailes rousses bordées de cette même couleur tranchante. Œil rouge, fixe, un peu hagard — l'œil d'un animal qui voit un point volant à l'horizon.

Nous voici maintenant arrivés aux plus gros habitants des champs, à ces corneilles qui, par troupes immenses, en parcourent lentement toutes les parties, et sur l'utilité ou l'inutilité desquelles les avis sont encore partagés. Nos champs sont envahis par un certain nombre de *corneilles* différentes, mais faisant fort bon ménage ensemble et constituant les bataillons que nous voyons, le soir, gagner les grands bois pour chercher, sur les vieux arbres, un perchoir en famille. Un seul arbre porte quelquefois cinquante et plus de ces corneilles et, le soir, les gardes viennent, surtout aux environs de Paris où elles vivent en quantités immenses, en faire des hécatombes considérables.

Nous avons décrit, dans le chapitre des *Oiseaux*

des grands massifs (I, 1), les mœurs du grand corbeau ; nous n'aurons presque rien à ajouter ici pour présenter celles de la *corneille*, son moule réduit. Ce n'est cependant pas sans un certain sentiment de regret que je m'inscris contre l'utilité des corbeaux en

Fig. 75. — CORNEILLE NOIRE.

général ; en effet, il me semble impossible que la nature se soit donné la peine de créer deux types semblables et plusieurs tout à fait rapprochés, pour remplir une adaptation naturelle qui ne fût pas *utile*. Il y a là une erreur ou un malentendu.

Les deux types semblables, dont l'un réduit, *épeiche* et *épeichette*, indiquent la haute importance de l'adaptation naturelle au nettoiement des écorces dans les forêts résineuses ; les deux types semblables, dont l'un réduit, *corbeau, corneille*, indiquent certainement une adaptation naturelle analogue d'une haute importance.

Sans aucun doute, ce doivent être des nettoyeurs d'une espèce spéciale, et il n'est pas hors de raison de penser que les larves des hannetons divers peuvent être l'objectif de leur adaptation. Malheureusement ces oiseaux portent la peine de toute fonction incomplétement remplie. Leur omnivorité leur nuit. Si, comme les pics épeiches et épeichettes, ils savaient ne dévorer que la proie qui leur est dévolue par leur organisme, tout irait bien. Mais nos corbeaux mangent de tout ; ils sont pillards, et, par ce fait, ils deviennent nuisibles dans nos pays civilisés.

C'est pour cela que nous avons osé écrire (I, 1), en parlant du chef de famille : « le corbeau est aussi nuisible qu'utile. » Et nous ajoutons ici, à propos des diverses espèces de corneilles : « C'est au cultivateur sensé à peser le pour et le contre ; suivant ce qui peut lui rapporter le plus dans ses terres ou ses bois, il sera leur ami ou leur ennemi. »

La *corneille*, comme le grand corbeau, est noire entièrement, à reflets irisés : c'est le moule réduit de l'autre. Comme son type, elle aime les charognes et les poissons vivants ou morts. On voit des bandes considérables de ces oiseaux, en hiver, fréquenter les bords de la mer et s'y repaître avidement de tout ce que les eaux laissent en se retirant. Au mois d'octobre 1866, je remarquai, sur le Rhin, de nombreuses corneilles noires se livrant à une pêche assidue. Ces oiseaux ne se posaient pas sur l'eau, mais planaient au-dessus et y trempaient leurs pattes et leur bec pour saisir les poissons vivants ou peut-être les gros insectes et détritus quelconques que charriait le fleuve. Je ne pus m'approcher assez pour les tirer et vérifier le contenu de leur estomac; mais je fus vivement frappé de ces nouvelles mouettes noires attaquant une proie que je ne les supposais pas capables de s'approprier.

Au mois de novembre, les corneilles descendent de la forêt au petit jour, avant sept heures du matin, et se répandent un peu partout; dans le Centre de la France, en Nivernais par exemple, elles préfèrent les prairies au bord des rivières et les plaines dans la même position. Le soir, elles remontent en forêt à trois heures et demie, et leur direction générale est du Sud au Nord le matin et du Nord au Sud le soir.

« La corneille, dit J. Franklin, se lève de très-bonne heure et se couche tard. Longtemps avant que le chouca soit éveillé, elle annonce l'approche du matin, avec son croassement creux et sonore, du haut du chêne sur lequel elle s'est logée durant la nuit. A la fin de la journée, elle se retire plus tard que le chouca pour prendre sa part du sommeil universel. »

La corneille est un oiseau universellement haï et persécuté. Les paysans l'accusent, avec juste raison, de manger les plus belles de leurs cerises et de leurs noix, de détruire le gibier sans défense et les petits élèves des basses-cours. Cependant, si nous réfléchissons que, pendant dix mois de l'année, la corneille ne vit presque exclusivement que d'insectes et de larves nuisibles, nous serons amenés à conclure que, somme toute, c'est un oiseau utile ou tout au moins *un mixte* dont les dégâts sont compensés par les services qu'il nous rend.

Ajoutons que, malgré le préjugé populaire, sa chair est d'une grande délicatesse, et que les pâtés de corneilles ne le cèdent en rien aux pâtés de pigeons. « M'étant plusieurs fois délecté moi-même, dit encore M. J. Franklin, avec la chair délicate des jeunes corneilles, je fis un jour servir un pâté de ces oiseaux à deux amis convalescents, dont l'estomac se fût, sans doute, révolté s'ils avaient connu la nature du plat. J'eus la satisfaction de les voir manger de bon cœur ce qu'ils considéraient comme un pâté de pigeons et trouver la chose excellente. »

La *corneille mantelée* est la compagne ordinaire de la corneille ordinaire. Cependant, plus septentrionale que la précédente, elle n'habite pas la France entière. Elle ne se montre que très-rarement dans

FIG. 76. — CORNEILLE MANTELÉE.

le Languedoc, la Provence et le Dauphiné. Je ne crois pas l'avoir vue dans la Bretagne et les autres pays bocagers de l'Ouest. Mais, en revanche, elle est très-commune dans les plaines du Nord et des environs de Paris. On la trouve aussi en immenses troupes sur les rivages de la Manche. Les mœurs, la nourriture, la taille, tout est semblable chez les deux corneilles. La mantelée ne se distingue que par ce qu'elle a seulement la tête, les ailes et la queue noires; le reste du corps est gris cendré.

Vient ensuite le *corbeau-freux*, un peu plus petit que la corneille mantelée et tout noir, mais avec

Fig. 77. — CORBEAU-FREUX.

la base du bec dénudée de plumes, parce qu'il passe sa vie à fouir et enfouir dans la terre.

De tous les oiseaux sauvages, les freux sont les plus sociables; leurs immenses troupes ne se séparent jamais. Ils font leurs nids en commun, ils dorment en commun; de plus, leur vie est d'une régularité parfaite; chaque matin, depuis l'automne jusqu'à une semaine environ avant l'équinoxe du printemps, les freux, milliers par milliers, passent sur la vallée que j'habite, dit M. J. Franklin, en suivant la direction de l'Ouest; puis ils s'en retournent en nombre égal vers l'Est, une heure à peu près avant la tombée de la nuit. Ils hésitent dans l'air pendant un moment, décrivant lentement des cercles, puis ils s'avancent tous ensemble vers les bois qui leur servent de chambre à coucher. Soir et matin, leur vol — bas ou haut — semble réglé par l'état du temps. Quand souffle une forte bise, ils descendent la vallée avec une rapidité étonnante, et effleurent les sommets des montagnes ainsi que la cîme des arbres. Mais, lorsque le temps est clair et calme, ils passent à travers l'air, à une grande hauteur, d'un vol régulier et facile.

Les freux sont des oiseaux nuisibles au moment des semailles, car ils savent très-bien déterrer et dévorer les semences déposées dans les sillons.

Mais, le reste de l'année, ils rendent d'incontestables services en détruisant une énorme quantité de larves et d'insectes nuisibles à l'homme. J. Franklin nous donne une preuve sans réplique de l'utilité des freux. « Le fait, dit-il, se passa dans mon voisinage il y a quelques années. Une nuée de sauterelles visita la localité; elles étaient assez nombreuses pour provoquer une grande inquiétude parmi les agriculteurs de ce district. Mais les agriculteurs furent bientôt délivrés de leurs alarmes, car les freux accoururent par grandes bandes de tous les environs, et dévorèrent si avidement les sauterelles que ces insectes furent détruits en très-peu de temps.

« Voilà pourtant l'oiseau contre lequel tant de personnes conservent encore des préjugés ; ces préjugés sont même si répandus que je connais des gens qui offrent une récompense à quiconque tuera un freux sur leurs terres. »

Il nous reste à dire quelques mots du *chouca* ou *corneille des clochers*. Celui-ci, le plus petit de tous, vit en troupes énormes non-seulement dans les villes, mais dans les vieilles tours et les clochers de la campagne. On le trouve aussi sur les rochers et même sur les arbres. Pendant l'hiver, il se mêle aux troupes de corneilles ou de freux, et vit avec elles aux dépens des grains confiés à la terre. Il ne dédaigne point, non plus, les fruits. Aussi, à ces deux titres, il est nuisible aux cultivateurs. On le distingue assez facilement au derrière de son cou de couleur grise et à l'iris de ses yeux, qui est blanc. Le reste du corps est noir, à reflets verdâtres plus ou moins vifs.

Comme le freux, le chouca recueille des insectes dans son bec pour nourrir ses petits. Un fait remarquable dans les mœurs de cet oiseau, c'est qu'il semble rester accouplé pendant toute l'année. En effet, on les voit toujours venir, aller se percher par paires sur les branches dépouillées. De nouvelles observations sont à désirer à ce sujet. Quoi qu'il en soit, le chouca, à côté de quelques dégâts qu'il commet, nous rend assez de services pour que nous le laissions vivre en paix.

Fig. 78. — CORACIAS ou CRAVE.

Nous passerons rapidement sur notre corbeau de montagne, le *chocard*, que l'on rencontre, en été, dans les Alpes et les Pyrénées, tandis que l'hiver il descend aussi dans les plaines pour y commettre les mêmes dégâts que les autres espèces. Celui-ci se distingue des corbeaux proprement dits par un bec plus long et plus mince, rappelant la forme de celui du merle. Ce bec est jaune, les pattes rouges ou noires.

Le *coracias* ou *crave* est encore un corbeau de montagne ; mais celui-ci a le bec long et arqué, rouge, ainsi que les pattes. Son plumage est noir, à reflets bleus et pourpres magnifiques. Il fait son nid dans les fentes des rochers les plus escarpés, dans le Midi, sur les tours des églises ou des châteaux, et vit en petites sociétés. L'hiver, on les voit descendre dans les plaines, où ils prennent les mœurs des autres corbeaux, et recherchent surtout, le long des chemins, les grains ramollis et à demi digérés qui se trouvent dans le crottin des bêtes de somme.

La *pie* est un ennemi au premier chef, dont on ne saurait trop encourager la destruction. C'est un déplorable spectacle, de voir, dans nos campagnes, ce pillard effronté aussi multiplié qu'il est, et personne ne s'occupant de mettre un frein à l'envahissement de l'espèce.

Nous ne ferons point à nos lecteurs l'injure de leur décrire le plumage mi-partie noir et blanc de Margot ; tout le monde le connaît. Mais ce que tout le monde ne pense pas à remarquer, c'est que, malgré les rapports nombreux qui rattachent la pie aux corbeaux, de frappantes dissemblances peuvent être constatées. D'abord, la queue énorme de la pie est caractéristique ; elle forme un contre-poids naturel au corps pesant de l'oiseau, muni d'ailes courtes et obtuses. C'est pour se maintenir en équilibre et ne point tomber le bec en terre qu'elle fait osciller de bas en haut son balancier, quand elle se pose sur le

Fig. 79. — PIE.

sol. La pie ne marche pas posément comme le corbeau; elle avance par une série de sauts obliques. D'un naturel excessivement défiant et farouche, elle fuit à de grandes distances tout objet qui lui paraît suspect. En plaine, elle est toujours muette; au bois, elle jacasse souvent et pousse ses cris discordants quand un objet quelconque excite sa curiosité ou sa défiance. Elle attaque les rapaces avec audace et les chasse de son voisinage, non en plaine, mais parmi les arbres.

Voleuse et cachotière, elle cèle non-seulement ce qui reste de sa nourriture, mais encore des objets dont elle n'a nul besoin. On dit qu'elle sait retrouver ses cachettes; nous en doutons dans le plus grand nombre des cas, et nous en avons eu des preuves au moins en captivité.

Tous les observateurs sont d'accord sur l'intelligence et la malice dont cet oiseau donne des preuves, non-seulement quand il s'agit de sa gourmandise, mais encore de la défense de sa couvée. « Quatre ou cinq couples de pies, dit Nordmann, nichent depuis plusieurs années dans le Jardin botanique d'Odessa, où j'ai ma demeure. Ces oiseaux me connaissent très-bien, moi et mon fusil, et quoiqu'ils n'aient jamais été l'objet d'aucune poursuite, ils mettent en pratique toutes sortes de moyens pour donner le change à l'observateur. Non loin des habitations se trouve un petit bois de vieux frênes, dans les branches desquels les pies établissent leur nid. Plus près de la maison, entre cette dernière et le petit bois, sont plantés quelques grands ormeaux et quelques robiniers; dans ces arbres, les rusés oiseaux établissent des nids postiches, dont chaque couple fait au moins trois ou quatre, et dont la construction les occupe jusqu'au mois de mars. Pendant la journée, surtout quand ils s'aperçoivent qu'on les observe, ils y travaillent avec beaucoup d'ardeur, et si quelqu'un vient par hasard les déranger, ils volent autour des arbres, s'agitent et font entendre des cris inquiets; mais tout cela n'est que ruse et fiction, car tout en faisant ces démonstrations de trouble et de sollicitude pour ces nids postiches, ils avancent insensiblement la construction du nid destiné à recevoir les œufs, en y travaillant dans le plus grand silence, et pour ainsi dire en cachette, durant les premières heures de la matinée et vers le soir. Si parfois quelque indiscret vient les y surprendre, soudain ils revolent, sans faire entendre un son, vers leurs autres nids, et se remettent à l'œuvre comme si de rien n'était, en montrant toujours le même embarras et la même inquiétude, afin de détourner l'attention et de déjouer la poursuite. »

Parmi les différentes idées que la nécessité fait acquérir aux animaux, on ne doit point oublier celle des nombres, et il paraît certain que la pie, en particulier, sait compter jusqu'à trois. « Dans les pays où l'on conserve avec soin le gibier, dit G. Leroy, on fait la guerre aux pies, parce qu'elles enlèvent les œufs et détruisent l'espérance de la ponte. On remarque donc assidûment les nids de ces oiseaux destructeurs, et, pour anéantir d'un coup la famille carnassière, on tâche de tuer la mère pendant qu'elle couve. Entre ces mères, il en est d'inquiètes, qui désertent leur nid dès qu'on approche. Alors on est contraint de faire un affût bien couvert au pied de l'arbre sur lequel est le nid, et un homme se place dans l'affût pour attendre le retour de la couveuse; mais il attend en vain, si la pie qu'il veut surprendre a quelquefois été manquée en pareil cas. Elle sait que la foudre doit sortir de cet abri où elle a vu entrer un homme. Pendant que la tendresse maternelle lui tient la vue attachée sur son nid, la frayeur l'en éloigne jusqu'à ce que la nuit puisse la dérober au chasseur. Pour tromper cet oiseau inquiet, on s'est avisé d'envoyer à l'affût deux hommes, dont l'un s'y plaçait et l'autre passait; mais la pie compte et se tient toujours éloignée. Le lendemain, trois y vont, et elle voit encore que deux seulement se retirent. Enfin il est nécessaire que cinq ou six hommes, en allant à l'affût, mettent son calcul en défaut. La pie, qui croit que cette collection d'hommes n'a fait que passer, ne tarde pas à revenir. »

Indépendamment des petits oiseaux et des œufs qu'elle dévaste, la pie s'attaque encore aux fruits et pille les vergers. C'est donc un animal à poursuivre à outrance partout où on le rencontrera, et pourtant, comme nous l'avons déjà dit plusieurs fois, les forces de la nature sont si bien équilibrées que, même au point de vue de l'homme et de ses intérêts, il n'y a point d'oiseau absolument nuisible dans toute l'acception du terme. Ainsi la pie, qui peut être regardée comme l'un de nos plus grands ennemis, trouve encore moyen de nous rendre quelques services. Tout le monde, en effet, a vu cet oiseau, au moment des labourages, suivre pied à pied le laboureur creusant des sillons et détruire les insectes et les larves qu'il met à nu. Mais hélas! ces services sont bien loin de compenser les ravages qu'elle exerce dans les vergers et parmi les couvées des petits oiseaux insectivores.

Fig. 80. — ÉTOURNEAU.

Sus donc! traquez les pies et détruisez-les par tous les moyens possibles!

Le *geai* ne vaut pas mieux que la pie, mais nous reportons son histoire au chapitre des bois, où il se tient toujours (voy. I, 2).

Les *étourneaux* sont les compagnons des corneilles, aux bandes desquelles ils se joignent fréquemment pendant l'hiver; mais loin d'être nuisibles comme elles, leur bec long, effilé, pointu, est bien un bec d'insectivore, et si ces oiseaux mangent quelques graines et quelques baies, ce sont celles d'arbres sauvages qui ne servent point au cultivateur.

Dans les pays d'olives, cependant, on se plaint avec raison de la grande consommation que les étourneaux font de ces fruits. MM. J. B. Taubert et Barthélemy Lapommeraye nous fournissent même une curieuse remarque à ce sujet. « Dans un petit pays, dont le nom m'échappe en ce moment, les étourneaux, traqués par les cultivateurs dont ils font le désespoir, ont pris l'habitude de s'emparer furtivement du bien qu'on leur dispute. C'est au point du jour et jusqu'au lever du soleil qu'ils descendent par nuées dans les champs d'oliviers, s'emparent en toute hâte de quelques fruits, ordinairement deux ou trois, un dans chaque patte et un autre dans le bec, et s'envolent vers une base de rochers rangés en esplanade, qui domine la ville. C'est là qu'ils les posent précipitamment pour s'en retourner faire au moins deux ou trois voyages. Le fait est tellement connu que l'administration municipale met annuellement aux enchères l'exploitation de ces rochers, dont le prix varie suivant que la récolte, d'après le nombre des étourneaux, paraît devoir être plus ou moins bonne; c'est à celui à qui reste l'adjudication qu'appartient la cueillette. Chaque jour un homme est mis en observation pour suivre la manœuvre des étourneaux; aussitôt qu'il s'aperçoit que ceux-ci, après quelques voyages, s'apprêtent à commencer le festin, un signal est donné. C'est ordinairement un coup de feu destiné à mettre en fuite toute la troupe. On monte alors avec des corbeilles, que l'on remplit en quelques minutes.

L'étourneau porte un admirable plumage noir à taches blanches, à reflets violets et verts; les pieds sont roses, l'œil brun clair. Il ne faut pas prendre cet animal pour un être sans courage; il se défend admirablement quand il se voit pris, et son bec aigu, pointu comme une aiguille, n'est pas une arme à dédaigner.

Pendant l'hiver il vient jusque dans les villes percher sur les grand arbres ou sur quelque tour, et se livrer, vers le soir, à d'interminables évolutions dans les airs. Rien n'est plus curieux que ces pirouettes, ces changements de front, ces girandoles que toute la troupe exécute comme un seul oiseau, avec un ordre tel que l'on croirait qu'un commandement les guide. A Paris même, une énorme troupe a longtemps établi son domicile dans les environs de la Chambre des députés, avant que l'ouverture des nouvelles voies eût transformé ce quartier.

15

Dans la campagne, l'étourneau aime les prairies et les lieux humides entre les bois; il se plaît parmi le bétail en été, soit qu'il trouve dans la fiente les vers et insectes qu'il recherche, soit qu'il se perche sur le dos des moutons et des bœufs pour les débarrasser de la vermine et des mouches qui les assiégent.

Dans certaines contrées, l'étourneau est encore une victime de l'ignorance des paysans. Écoutez les fermiers, ils vous diront que l'étourneau *suce les œufs* de leurs pigeons, car ils l'ont souvent trouvé dans leur colombier à côté des coquilles brisées et autres débris accusateurs. Hélas! hélas! il y a confusion. L'innocent est accusé parce que, n'ayant rien à se reprocher, il ne craint pas de se montrer à tous les yeux, tandis que le vrai coupable reste dans l'ombre. Les œufs sucés sont le fait des rongeurs, tels que rats et belettes, et le pauvre étourneau, loin de s'introduire dans les pigeonniers avec des intentions dévastatrices, y vient chercher aide et protection. D'ailleurs, s'il mangeait les œufs des pigeons, il mangerait tout aussi bien et même mieux ceux des autres oiseaux à côté desquels il niche. Or quel est le naturaliste, le chasseur ou le paysan qui a vu un étourneau détruire un nid? Hélas! c'est presque toujours ainsi que se font les mauvaises réputations et que, trompés par des observations mal faites, nous nous privons volontairement des services de nos amis les plus utiles.

Traçons ici l'oraison funèbre d'un délicieux gibier qui s'en va. N'oublions pas, en même temps, de signaler que le *pluvier guignard* fut un animal, sinon utile, au moins indifférent, mais dans tous

Fig. 81. — PLUVIER GUIGNARD.

les cas un gibier fin de premier choix. Le *guignard* nous vient du Nord et se répand, pour nicher, dans nos plaines les plus arides et les plus nues.

D'après les renseignements de M. Ray, le *guignard* nichait autrefois dans les grandes plaines de l'Aube, avant les plantations de sapins et l'extension de la culture, en compagnie de l'*œdicnème criard*, cet autre oiseau si rare que je n'ai pas osé en parler parmi les *Oiseaux utiles ou nuisibles de la France.* Autrefois aussi — il y a quarante ans encore, — le guignard était un gibier abondant dans les immenses plaines de la Beauce. C'est lui — et non la perdrix — qui fut le fondement des célèbres pâtés de Chartres de pantagruélique renommée. Hélas ! les perdrix font comme les guignards : elles disparaissent.

Autrefois le pluvier passait en grandes troupes; aujourd'hui c'est à peine si, à l'ouverture de la chasse, on entend les cris de quelques petites familles vagabondes, de quelques dizaines qui volent au-dessus de votre tête. C'est toujours un oiseau facile à tirer, et il suffit d'en blesser un pour que toute la bande s'abatte avec lui et tournoie près de son corps, comme pour l'aider à se ranimer. Pendant ce temps, le fusil fait merveille !

Le guignard a bien la forme des pluviers : sa tête porte un calotte noire bordée de blanc; la même disposition sur la poitrine, le ventre blanc et noir, le dessus roux.

Le *râle de genêt* ou *râle des prés* est encore un habitant de la plaine et plus souvent des herbes hautes, quoiqu'il aime aussi les blés, les genêts, les ajoncs, les bruyères, les haies, en un mot tous les endroits où il espère se cacher et, au besoin, éviter, par ses ruses et ses circuits, les poursuites du chasseur et de son chien. Ce râle, que l'on nomme souvent *roi de caille*, parce qu'il arrive en même temps qu'elles, est un animal inoffensif, plus utile que nuisible aux récoltes, puisqu'il est insectivore.

De la *caille* et de la *perdrix*, nous avons autre chose à dire. Ce sont deux types extrêmement voisins parmi les habitants de la plaine. Cependant il ne faut

Fig. 82. — RALE DE GENÊT.

pas se dissimuler que le type seul *perdrix* possède parfaitement les deux adaptations de la plaine et de la montagne dans la *perdrix grise* et la *perdrix rouge* avec ses variétés. Cette différence d'habitat, de mœurs, jointe aux divergences organiques, a suffi au prince Bonaparte pour distraire, du genre perdrix ancien, l'espèce de la grise et en faire un genre nouveau sous le nom de *starne grise*. Désormais restent donc dans le genre perdrix : la *bartavelle* ou *perdrix grecque*, la *perdrix rouge* et la *perdrix de roches* ou *gambra*.

Ce que nous allons dire de la perdrix en général s'applique parfaitement à la *caille*, dont une seule

Fig. 83. — PERDRIX GRISE.

espèce voyageuse arrive en France pour passer l'été et produire sa couvée. On peut regarder ces oiseaux comme les types des *gallinacés sauvages*, quoiqu'ils portent une physionomie toute particulière qui les caractérise et les distingue facilement de toutes les autres familles. Ils ont le corps arrondi, la queue courte et pendante, la tête petite. Leur plumage n'est point dénué de grâce, et les couleurs vives y sont par plaques ou mouchetures régulières.

Au point de vue utilitaire, les opinions ont été et sont encore très-partagées sur la valeur de ces oiseaux.

Il ne faut pas se dissimuler que leur nourriture se

Fig. 84. — BARTAVELLE.

compose de grains de toutes sortes, de fèves, de haricots, de glands, de jeunes feuilles d'arbres et d'arbustes, de mûres, de raisins, de baies, d'insectes, de petits colimaçons et de vers. Somme toute, dans nos pays, leur vie se passe à manger les insectes et quelques graines mûres pendant l'été; au printemps, à lever une dîme pendant quelques jours sur les grains semés et germant, puis à tondre du bec quelques-unes des jeunes pousses — ce qui ne peut faire que du bien ! — enfin, à l'automne, à glaner dans les sillons les grains tombés de la gerbe, grains sans emploi pour l'homme et qu'il ne peut récolter.

Quel est donc, dans tout cela, le mal que peut faire la perdrix ?

Alors que les blés sont sur pied, qu'y peut-elle prétendre, sinon de récolter les insectes de toute espèce qui pullulent entre les pailles et grimpent au pied des tuyaux ?

Se figure-t-on la lourde perdrix voulant monter aux épis pour en éplucher les grains mûrs ? Et comment le ferait-elle ?

Qu'elle profite dans quelques cas de l'aubaine d'un blé plus ou moins couché, plus ou moins foulé, c'est possible. Mais qu'est-ce cela en comparaison de la masse de la moisson ! N'a-t-elle pas mille fois payé la valeur de quelques épis, par les insectes qu'elle a dévorés ?

D'ailleurs, ces quelques épis tombés ne lui suffiraient point pour subsister, si elle n'y joignait la récolte d'une grande quantité de graines d'autres plantes, indifférentes pour l'homme ou fléau de ses cultures. La perdrix ne vient au raisin que dans l'arrière-saison ; là elle pourrait causer quelques dégâts ; mais hélas ! elle n'est jamais en assez grand nombre pour faire beaucoup de mal! Le fusil du chasseur y met, pendant tout l'hiver, un sérieux obstacle, en décimant ses rangs, et d'ailleurs, il se paie ainsi du dégât supposé qu'il peut avoir éprouvé (VI, 16). Dans la vigne, la perdrix mange plus d'insectes que d'autres choses. Ce qui le prouve surabondamment à nos yeux, c'est que, à la même époque où elle fréquente les vignes, elle recherche également les bois; or, pour elle, la vigne est un taillis d'espèce particulière, où elle trouve les feuilles mortes à retourner, au lieu de grandes herbes à éplucher. Voilà tout.

Les *perdrix rouges* aiment les endroits les plus accidentés; les *bartavelles* même ne quittent jamais les hauts plateaux, les pentes des gorges, des vallées couvertes d'arbrisseaux, de bruyères, de vignes. Les collines boisées leur plaisent également, ainsi que les montagnes rocailleuses et arides.

La *perdrix de roche* ou *gambra* a les mêmes goûts et les mêmes mœurs. La *perdrix rouge* seule se permet de descendre dans les plaines, et consent à se contenter des modestes collines du centre de la France.

Les véritables habitants de la plaine sont la *starne grise* et la *caille*. Elles seules devraient porter le poids des accusations répétées contre toute la famille, et nous croyons avoir suffisamment démontré que les charges accumulées se réduisent à bien peu de chose, et que l'accusation a été, le plus souvent, formulée par des hommes qui ne connaissaient pas suffisamment les mœurs de ces oiseaux.

Nous terminerons donc en disant que, quand même la présence de quelques compagnies de perdrix serait appréciable sur une terre de quelque étendue, la valeur de ces animaux cantonnés au même endroit compense, et bien au delà, le dégât qu'ils ont pu commettre. Je dirai plus : en certains lieux arides, montagneux et pierreux, la perdrix est peut-être le seul revenu qu'il sera jamais permis d'espérer. Réfléchissons donc avant de parler, et surtout avant d'écrire !

CHAPITRE VI.

CHASSEURS D'INSECTES AU VOL.

L'arrivée des hirondelles est saluée avec joie par les habitants des villes et des campagnes. Elle annonce le réveil de la nature, elle est l'avant-courrière des beaux jours.

« Comme les poëtes, les navigateurs, les philosophes, dit J. Franklin, l'hirondelle poursuit toujours quelque chose; mais, plus heureuse qu'eux, elle atteint ce qu'elle poursuit. Les petits insectes qu'elle choisit pour en faire sa proie, sont poétiques, beaux, et vivent un jour. Grâce à elle, les éphémères échappent à la mort lente et languissante qui les attend vers le soir; ils sont tués en un moment, lorsqu'ils n'ont connu de la vie que le plaisir. La poétique beauté de l'hirondelle, qui traverse le ciel avec la vitesse du désir et de la pensée, l'association de cet oiseau avec le printemps, cette jeunesse de l'année, avec l'amour, cette jeunesse du cœur, les souffrances de sa couvée, lorsque le père ou la mère se trouve détruit, tout doit exciter notre sympathie, notre humanité ; tout demande grâce pour cette innocente et douce créature. Je me fais donc son avocat auprès des jeunes chasseurs ; je les supplie d'épargner celle qui ne demande à l'homme qu'un coin de nos demeures pour y poser son nid, qu'un peu de boue pour le construire, qu'un peu de soleil et de ciel bleu pour être heureuse. Pour l'amour de Dieu, ne tuez point les hirondelles !

« Il y a deux hommes dont l'hirondelle n'a rien à craindre, deux hommes auprès desquels il est inutile de plaider la cause de cet oiseau : c'est le prisonnier et l'exilé. Au prisonnier, l'hirondelle dit : Liberté ! à l'exilé elle dit : Patrie ! »

L'hirondelle présente un exemple, entre mille, de la manière dont s'établissent les croyances populaires, qui sont presque toujours un composé d'erreurs et de vérités. Observations erronées d'une part, et vérités constatées avec une grande sagacité de l'autre, tel est le fond de la plupart des dictons si souvent répétés.

Parmi les *chasseurs d'insectes au vol*, nous en trouvons qui cherchent leur nourriture le jour, d'autres au crépuscule. Cette séparation est toute naturelle, puisque, parmi les insectes, les uns sont diurnes, les autres nocturnes ou crépusculaires. Il était donc indispensable que le moule du chasseur fût modifié selon ces adaptations inévitables.

Les *hirondelles* sont préposées à la modération des insectes ailés du jour ; le *martinet* à celle du soir, et l'*engoulevent* à celle de la nuit ; ce qui n'empêche pas le martinet de doubler l'hirondelle pendant la plus grande partie de la journée; mais on remarque entre ces deux types analogues une certaine antipathie qui fait que, là où le martinet règne, l'hirondelle ne passe que timidement, et, réciproquement, dans les endroits adoptés par l'hirondelle, le martinet ne se montre qu'isolé et à d'assez rares intervalles. Cependant l'hirondelle chasse toute la journée, tandis que le martinet, surtout par les jours très-chauds et de grand soleil, ne vole ardemment que le matin et le soir : pendant le jour, il se retire dans son trou.

L'hirondelle est un oiseau sociable au dernier degré. Non-seulement elle fait son nid auprès de ses compagnes, mais elle l'attache quelquefois à ceux déjà faits ; de plus, elle aime à se réunir en troupes sur les branches d'un arbre élevé, d'un pignon de tourelle, et là, à gazouiller des heures entières. On dirait qu'une amicale conversation s'engage entre ces charmants oiseaux, qu'une demande n'attend pas l'autre, et que, dans certains moments, tout le monde parle à la fois. Rien n'est plus intéressant que ces conciliabules, qui deviennent d'autant plus fréquents et d'autant plus nombreux que l'époque du départ approche.

C'est au mois d'août que ces réunions sont dans

toute leur vigueur. Un grand noyer étend ses branches arrondies près la porte de la cour : son dôme est plus élevé que les pointes des arbres verts voisins; il domine les toits environnants, et, comme tous ses pareils, semble touffu par ses larges feuilles, quoique, en réalité, son feuillage soit rare et l'accès de ses branches facile. C'est sans doute pour cela que les hirondelles en ont fait leur quartier général. Leur grandes ailes passent facilement entre les feuilles clair-semées, et la grosseur des brindilles extrêmes — beaucoup plus fortes dans le noyer que dans tout autre arbre — convient à leurs petites mains.

Dès le lever du soleil la bande entière gazouille : il se passe là une série de conversations particulières du plus haut intérêt; il est possible même que l'on y discute des affaires d'État; tout le jour la tribune reste ouverte, et chaque nouvelle arrivante y vient chercher, à son tour, un perchoir de repos et une occasion de caquetage amical.

Vers six heures, toute la bande s'élance — ou, pour mieux dire, se laisse tomber — dans les airs. Elle s'éparpille, chacune tirant de son côté; le ciel se peuple en un clin d'œil, puis tout cela disparaît au loin, semblable à une poignée de paille dispersée par le vent. Quelques-unes demeurent en retard qui jouent ou se poursuivent deux à deux... puis, peu à peu, elles s'évanouissent comme le reste, et le grand noyer demeure silencieux.

Aux chauds rayons de midi, le conciliabule recommence, mais la réunion est formée d'allants et de venants. On fait un tour d'ailes, on revient tailler une bavette près d'un ami, on change de place pour dire quelque bonne parole à un frère ou à un cousin, on repart planer un peu là-bas, au-dessus des peupliers tremblant sous la brise, et l'on revient s'asseoir au salon de conversation pour savoir le fin mot du jour.

Pendant l'été, les soins de la maternité retiennent chaque mère attentive à sa couvée; le père partage ces soins touchants et montre, avec la mère, à ses enfants, l'usage des ailes gigantesques dont la nature les a doués.

C'est en volant, en effet, que l'hirondelle cherche sa nourriture, l'atteint dans ses crochets les plus fantastiques; c'est en volant qu'elle boit et se baigne en rasant la surface des eaux tranquilles; c'est en volant qu'elle construit son nid, berceau merveilleux, auquel elle apporte des soins toujours attendrissants.

Ce serait une erreur de croire l'hirondelle timide. Sous ce petit manteau de plumes blanches et fauves bat un cœur audacieux. Qui ne l'a vue, affrontant les oiseaux rapaces, les forcer, à coups de bec, à quitter un pays où leurs ravages seraient l'occasion du deuil pour les pauvres mères ?

Envisagées au point de vue qui nous occupe, les hirondelles sont des amies de premier ordre : tout doit donc être tenté pour les protéger et les défendre au besoin contre leurs ennemis. Quant à l'étendue des services qu'elles sont appelées à rendre à l'agriculture, il faut distinguer et ne pas leur en imputer qu'elles sont incapables de rendre. Les hirondelles, comme les martinets, appartiennent à une famille très-naturelle, qu'on désigne sous le nom de *fissirostres*, nom parfaitement trouvé, puisqu'il rappelle que le bec de ces petits oiseaux est fendu jusqu'aux yeux et même au delà chez les martinets.

Les fissirostres, par la forme même de leur bec, faible et court, mais très-ouvert, se nourrissent exclusivement, nous l'avons dit, d'insectes qu'ils saisissent *au vol*. Et c'est ici précisément le point délicat. Nombre d'autres oiseaux, parmi ceux armés plus fortement, tels que les fauvettes vraies et grimpantes, parmi les passereaux même, rossignols, rouge-gorges, pouillots, tariers, linottes, bergeronnettes etc., se nourrissent aussi d'insectes ; mais, grâce à leur large bec conique et fort, ils peuvent les attraper au vol comme au repos, en l'air comme sur les plantes. Dans le premier cas, ces animaux ont un désavantage marqué sur l'hirondelle, parce que leur vol n'est pas très-rapide ni leur bec très-fendu ; mais, au repos, ils peuvent dépecer et dévorer les chenilles, les coléoptères, que les fissirostres ne sauraient prendre au moyen de leur bec court et faible. Ces derniers, d'ailleurs, se perchent difficilement, et, quand ils le font, ce n'est que sur un point élevé, qui leur permet, pour repartir, de *prendre assez d'air* sous leurs grandes ailes.

On a donc raison de dire que les conirostres et ténuirostres même, dont font partie les oiseaux que nous citions, rendent plus de services à l'agriculture en détruisant les insectes nuisibles à la végétation, que les *fissirostres,* qui font une guerre continuelle à une foule d'espèces ailées telles que les *hyménoptères* et *diptères*, qui sont parasites, et dont une partie nous rendent de grands services. En effet, les femelles de ces hyménoptères, les *ichneumonides* ou *pupivores* par exemple, pondent leurs œufs dans le corps même des chenilles ou de leurs chrysalides. Il sort de ces œufs des larves vivant aux dépens de l'individu qui les contient, jusqu'à ce qu'ayant pris tout leur accroissement, elles le tuent. Tels sont les alliés naturels que l'hirondelle dévore par milliers sous nos yeux.

Ce n'est pas tout encore : sa taille et son bec sont trop petits pour qu'elle puisse attaquer avec succès les papillons, dont la plupart ont une stature assez forte, tandis que d'un coup de bec les autres les abattent et les dépècent à leurs petits. Au lieu de cela, l'hirondelle est obligée de s'en tenir aux très-petites espèces, aux teignes, aux mouches surtout.

Il ne faut pas cependant aller trop loin dans les reproches que nous voulons faire à la charmante

Fig. 85. — HIRONDELLE RUSTIQUE.

messagère du printemps; elle est plus utile que nuisible et nous devons l'aimer; car, si elle mange quelques insectes de nos amis, elle fait aussi une guerre incessante à plusieurs ennemis particuliers de l'homme, les cousins et les mouches.

Parmi les espèces d'hirondelles qui peuplent la

France, deux sont très-familières à nos populations, parce qu'elles fréquentent les villes et les habitations; deux autres sont exclusivement amies de l'espace et de la campagne; elles sont, par là même, beaucoup moins connues. L'*hirondelle rustique* ou *hirondelle de cheminée*, celle qui porte un collier noir, la gorge et le ventre roux, se distingue aisément de l'*hirondelle de fenêtre* à ventre blanc, non-seulement par ses couleurs, mais parce qu'elle a les tarses nus, tandis que la seconde les a emplumés, ainsi que les doigts, de petites plumes blanches assez rares.

Fig. 86. — HIRONDELLE DE FENÊTRE.

C'est l'*hirondelle rustique* qui niche sous les corniches, contre les cheminées, sous les hangars, dans les écuries, les embrasures de fenêtre, les chambres inhabitées. L'*hirondelle de fenêtre*, au contraire, fait toujours son nid à l'extérieur des habitations, dans l'encoignure des fenêtres, sous les grandes portes cochères, contre les rochers coupés à pic. Toutes deux savent construire ces nids en terre gâchée, vraie maçonnerie de *pisé* que tout le monde a admirée.

A moins qu'elle ne rencontre la mort dans son long voyage — et malheureusement c'est le sort de beaucoup d'entre elles — l'hirondelle retrouve le chemin de sa maison et revient à son nid.

Les exemples de cette fidélité à ses pénates abondent dans tous les auteurs qui se sont occupés de cet oiseau. Frisch a prouvé, il y a longtemps, par des expériences, que l'hirondelle revient pondre au nid qu'elle a construit.

D'après Gérardin, dans un château près d'Épinal, en Lorraine, où se trouvait retenue prisonnière une des victimes de la Révolution, des hirondelles de cheminée avaient établi leur nid dans une chambre dont les vitres cassées leur permettaient facilement l'accès. Le prisonnier eut l'idée d'attacher un anneau de laiton au pied d'un de ces oiseaux. Il remarqua, pendant les trois années de sa captivité, que la même hirondelle revint, exactement et vers la même époque, dans l'appartement où se trouvait son nid.

Moquin-Tandon cite les faits suivants : « En 1838, dans une chambre du second étage de mon habitation, au Jardin-des-Plantes de Toulouse, un couple d'hirondelles de cheminée construisit son nid contre une poutre. Cette chambre était éclairée par une vieille fenêtre constamment ouverte. Le 21 mai 1839, j'attachai un morceau de drap rouge à la patte droite du mâle et un autre morceau à la patte gauche de la femelle. C'était cinq jours après l'éclosion des œufs, et les hirondelles continuèrent l'éducation de leurs petits. L'année suivante je vis le même couple, seulement le drap des pattes s'était un peu décoloré. Ces petits oiseaux sont venus pondre dans le même nid jusqu'en 1845, c'est-à-dire pendant sept ans. La dernière année, le petit morceau de drap était devenu d'un rose sale. »

Les hirondelles sont, au reste, très-habiles à maçonner; elles réparent leur première demeure avec une adresse et une rapidité incroyables. Que l'on enlève un morceau de leur ancien nid, en deux ou trois jours, quelquefois en moins de temps, le dégât sera réparé.

L'*hirondelle de fenêtre* surtout aime, c'est évident, le voisinage de l'homme, et se tient de préférence dans les petites villes, dans les bourgs, quelquefois même dans les grands centres de population. Partout où elle se montre, elle est respectée, non-seulement comme amie du foyer, mais aussi comme bienfaitrice, à cause de la guerre incessante qu'elle livre aux petits insectes, ces ennemis invisibles de l'homme et de tout ce qu'il possède. Les vallées humides, dit J. B. Jaubert, les lieux ombragés sont ordinairement, pendant l'été, infestés de moustiques, de cousins grands et petits; les environs des bains de Gréoulx n'échappent pas à cette règle! et cependant il n'est personne qui ne fassse, chaque année, la remarque de l'impunité avec laquelle on peut rester le soir hors de l'établissement, ou bien ouvrir les fenêtres des chambres, tandis qu'on serait littéralement dévoré à quelques pas de là. La première pensée, la mauvaise, est que la vapeur des eaux ou les émanations thermales éloignent, sans doute, ces incommodes voisins, et personne ne songe à remercier d'un pareil bienfait les nuées d'hirondelles qui, de temps immémorial, se sont approprié l'édifice, sur toutes les façades, comme centre d'opération, contre ces brigands ailés. Que de fois, sous le prétexte spécieux qu'elles dégradent les murs et rompent l'harmonie des lignes, hélas! ne les a-t-on pas pourchassées, en détruisant leurs nids au fur et à mesure qu'elles les construisaient? Mais que de fois, lassé de la lutte, touché peut-être, l'homme n'a-t-il pas abandonné aux hirondelles cette part du foyer conquis sur son cœur? Voyageuses, elles aussi, pourquoi les expulser? N'ont-elles pas leurs droits à l'assistance? Ne paient-elles pas largement une hospitalité de quelques jours par leurs grâces et leur babil, sinon par de plus éclatants services ?»

La loi, en n'autorisant la chasse aux hirondelles qu'à partir du milieu de septembre, protége l'émigration qui, à cette époque, est en partie effectuée; mais de là à une immunité complète il y a loin, puisqu'on en détruit encore des milliers, tant à l'aide du plomb meurtrier qu'au moyen de divers genres de filets. C'est même un revenu pour quelques localités, l'Italie et les bords du Rhône. Cependant leur chair est médiocre ; elle est à peine mangeable quand l'oiseau est jeune et vient d'être tué, ce qui n'excuse nullement ces horribles hécatombes à une époque où tant d'autres espèces viennent se livrer aux coups du chasseur.

Nous signalons, en passant, un fait assez remarquable et très-difficile à expliquer. L'hirondelle de fenêtre arrive chez nous huit ou dix jours après l'hirondelle de cheminée : cela peut se comprendre, si elle vient de plus loin dans le Midi de l'Afrique et de l'Asie. Mais elle nous quitte également plus tard; ainsi, lorsque la saison est tempérée, on en voit aux environs de Lille jusqu'au 15 décembre. Nous ne les avons pas vues si tard; mais en 1866, sur le Rhin, nous avons vu l'hirondelle de rivage volant en troupes nombreuses dans le brouillard du matin, le 12 octobre. Cependant cette hirondelle passe pour partir plus tôt que les deux autres. Près de Paris, dans l'île de Soisy, nous avons vu des hirondelles rustiques en quantité considérable le 20 octobre 1868, alors que la température sur la Seine était loin d'être clémente.

Or, si les unes nous quittent vers les premiers jours d'octobre, parce que sans doute la nourriture leur manqne ou parce que le froid les chasse, comment les autres trouvent-elles encore à vivre et comment sont-elles insensibles à la température? Que le passage général d'une espèce dure plusieurs jours, cela n'a rien que de naturel : il faut bien que nous voyions passer celles qui habitaient plus au Nord que nous. Mais qu'une espèce reste après l'autre, cela est infiniment plus difficile à expliquer.

L'*hirondelle de rivage* se distingue des deux espèces familières de nos demeures par ses narines saillantes; elle porte quelques plumes en arrière seulement de la jambe, et sa queue est très-peu fourchue. Elle a d'ailleurs aussi le ventre blanc. D'un naturel farouche, elle s'éloigne des lieux habités, et non-seulement remarquable par son agilité au même titre que les autres hirondelles, elle l'est encore davantage par ses mœurs; car c'est le plus curieux exemple que nous possédions, dans nos climats, d'oiseaux fouilleurs, et certes, après avoir examiné le bec délicat, les faibles pattes de cet oiseau, pas un observateur n'oserait assurer que c'est au moyen d'outils si misérables que notre joli petit oiseau creuse ses galeries dans les roches sablonneuses qui bordent nos rivages. Et cependant il y réussit ; il creuse ses galeries dans des sables assez compactes pour émousser le tranchant d'un couteau.

Ce serait une erreur cependant de croire que l'oiseau choisit, de préférence, les roches les plus dures; le contraire est vrai : il ne s'attaque à celles-ci qu'à défaut de celles-là. Mais il a toujours soin de faire choix d'un terrain assez résistant pour que les parois de ses excavations ne s'éboulent point et ne compromettent jamais la sécurité de sa jeune famille, car c'est l'amour maternel qui le pousse à l'accomplissement de ses travaux herculéens, et lui fait faire un miracle à ajouter à la liste déjà si longue et si variée de ceux que l'on doit à ce sentiment. Quelquefois même la petite hirondelle de rivage fait preuve d'un véritable esprit de discernement, quand elle choisit, pour emplacement de son travail, les interstices sablonneux et friables qui séparent les couches de certaines roches. Là elle se débarrasse de tout souci, et, pour être à couvert et en sûreté, il lui suffit de gratter un sable mobile et de le rejeter au dehors.

Malheureusement ces bonnes aubaines sont rares : il faut cependant fouir. Comment faire? Alors l'hirondelle procède à une recherche méthodique, essayant successivement chaque place du bec, furetant, tâtant, jusqu'à ce que son instinct et son expérience, mis d'accord, lui révèlent un endroit convenable. A ce moment le merveilleux apparaît Qui a montré à la bestiole à procéder en cercle, à se servir de ses pattes comme de pivots, et à force de tourner, de tourner encore, toujours, becquetant sans relâche, à mesure qu'elle avance, qui lui a montré à découper l'ouverture circulaire de sa demeure? Qui? Le même qui a appris à la mésange penduline à tisser son nid, à l'hirondelle de fenêtre à maçonner le sien, à l'aigle brun à charpenter son aire!

Mais le travail du petit architecte se poursuit sans relâche; le tunnel se forme, se creuse, le sable roule grain à grain dans l'espace où le vent l'emporte, chaque coup de bec marque sa place, chaque minute voit l'oiseau disparaître de plus en plus au fond du trou noir où l'œil n'aperçoit bientôt plus qu'un petit nuage de poussière. Telle est la forme régulière, mais primitive, de ce travail merveilleux; mais après que l'oiseau a, pendant quelque temps, habité son terrier, la forme de l'entrée se modifie, le sable s'éboule toujours un peu, quelque compacte qu'il soit, sous l'incessant passage du père et de la mère, et son entrée s'élargit.

Dans tous les cas, le plan général se relève un peu vers le fond, de manière à empêcher tout amas de l'eau dans l'intérieur; quant à la profondeur, elle est variable, mais la moyenne ne peut pas être évaluée à moins de 80 centimètres! six fois la longueur du petit ouvrier! Combien mettrions-nous de temps, nous, les dominateurs de la terre, pour creuser avec nos ongles, dans ce même sable compacte, une demeure six fois aussi longue que notre corps? Qui oserait entreprendre ce tunnel de plus de 10 mètres?

Le plus souvent, la direction du souterrain est en ligne droite, mais quelquefois elle décrit une courbe ou forme un coude sensible : c'est quand un obstacle s'est rencontré, une pierre, une racine, qui a forcé l'oiseau à modifier son tracé. Si la pierre qu'il rencontre est très-grosse, l'architecte abandonne ordinairement son trou et va reprendre ses travaux en un autre point où il espère être plus heureux; si elle est petite, mais trop forte encore pour qu'il puisse la déraciner, il passe à côté et sa galerie se ressent de cette gêne. Aussi dans les lieux où la pierre est mélangée au sable, on remarque un grand nombre de trous commencés et abandonnés.

A l'extrémité la plus reculée du corridor, l'hirondelle creuse une chambre dans laquelle elle place son nid. Ce nid est d'une structure très-simple, formé d'une masse d'herbes sèches revêtues de plumes douces, pressées par le corps de l'oiseau et sur lesquelles il dépose les œufs au nombre de 5 ou 6, très-petits et d'une blancheur délicatement teintée de couleur chair.

Reste l'*hirondelle de rocher,* qui se distingue de celles de rivage par ses jambes nues, sa queue égale, non fourchue; qui se montre encore plus farouche et ne quitte point les lieux montueux et solitaires, les vallées profondes et les gorges des montagnes. Quoique son vol semble plus lourd que celui des espèces précédentes, elle se soutient généralement dans les airs à une grande hauteur. C'est surtout dans le Midi, au milieu des Alpes et des Pyrénées, qu'on la trouve; dans le Centre de la France, elle n'est que de passage accidentel.

A moins qu'une tempête ne la force de descendre dans la plaine pour y chercher sa nourriture, on voit presque toujours l'hirondelle de rocher décrire ses ondulations au-dessus des rochers qu'elle habite et parmi lesquels elle choisit les plus inaccessibles pour bâtir son nid, d'ailleurs semblable à celui des autres espèces et caché dans des anfractuosités ou des cavernes.

Elle arrive avant toutes les autres espèces et repart la dernière; il est même probable qu'un certain nombre d'individus hivernent dans ces contrées, car on en voit en décembre et janvier, quand les hivers sont chauds, voltiger à Nice et au-dessus de l'embouchure du Var. Son plumage est gris en dessus et blanc un peu roux à la gorge; la queue est garnie de plumes qui portent une tache blanche.

Au premier coup d'œil, les *martinets* ressemblent à une hirondelle noire; mais, pour l'observateur un

Fig. 87. — MARTINET DES MURAILLES.

peu attentif, de graves différences ne tardent point à se remarquer. Sans parler des caractères en quelque sorte internes que nous allons indiquer tout à l'heure, le martinet, doué d'ailes bien plus longues, a un vol plus étendu et plus rapide que l'hirondelle; moins gracieux, moins oscillant peut-être. Jamais il ne se pose, et, si par accident il tombe à terre, il lui est impossible de reprendre son essor. C'est que ses jambes sont tellement courtes qu'elles ne dépassent pas les plumes de son ventre. De plus — organisation singulière! — ses pattes sont de véritables serres, aux ongles acérés, crochus, mais dont tous les doigts sont dirigés en avant. De sorte que le pauvre oiseau peut s'accrocher par les ongles à une surface verticale, ou se poser sur le ventre à l'extrémité d'un pignon ou d'une roche, mais il ne peut percher nulle part. L'hirondelle, au contraire, perche et se pose sur le sol, d'où elle s'enlève facilement.

Les martinets ont cependant une assez grande quantité de caractères communs avec ceux des hirondelles : bec petit, large à la base, aplati horizontalement et fendu profondément jusqu'au-dessous des yeux.

L'anatomie devait trouver chez le martinet, destiné à voler sans relâche, une grande ressemblance d'organes avec d'autres oiseaux adonnés au même genre de vie, et en effet l'appareil sternal, source de la puissance du vol, est très-semblable entre les oiseaux-mouches et les martinets. Chez tous les deux, les muscles moteurs des ailes sont non-seulement très-puissants, mais encore la forme des os du sternum servant d'attache à ces muscles est modifiée, en largeur et en étendue, de manière à produire un développement de force énorme.

Pendant la grande chaleur du jour, les martinets s'y soustraient en demeurant blottis dans des trous de murs et plus souvent de clochers, de tours, ou dans les crevasses au sommet des rochers inaccessibles. Là, ils demeurent accroupis sur le ventre, car leurs pattes sont trop courtes pour les soutenir, et ils se tiennent le plus près possible du bord, afin de n'avoir qu'à se précipiter dans l'espace pour trouver assez d'air sous leurs grandes ailes.

Hors ce temps qu'il passent dans l'inaction, les martinets volent constamment, le jour comme la nuit. Le fait des courses nocturnes du martinet est certainement un fait curieux dans les mœurs de cet oiseau.

Les martinets se retirent de très-bonne heure de notre pays : au 1er août, tous les ans, ils disparaissent, sans qu'on puisse citer un seul traînard en arrière.

Les matériaux de leur nid, toujours construit dans la pierre, les vieux murs ou les rochers, sont fort divers : c'est de la paille, de l'herbe sèche, de la mousse, du chanvre, de la plume d'oiseaux domestiques et autres ; en un mot, tous les objets que l'on peut rencontrer autour des habitations de l'homme. On a prétendu que les martinets enlèvent ces matériaux en rasant la surface de la terre ; mais, outre que l'on ne voit jamais les martinets dans cette position, il résulte d'observations oculaires que le martinet a été aperçu très-souvent sortant des nids d'hirondelles et de moineaux emportant des matériaux pour lui-même. J'ai vu un martinet venir saisir une loque pendante d'un nid de moineau dans un mur vertical. Chose remarquable! C'est en se renversant en arrière et au moyen de ses petites serres, qu'il saisit et emporte ses matériaux, et non avec le bec! Ces matériaux sont placés les uns sur les autres dans le trou choisi. Il faut alors les agglutiner pour qu'ils ne s'éboulent pas dans les mouvements des parents. Le martinet y parvient en les collant au moyen d'une humeur visqueuse et élastique qu'il dégorge à l'époque des amours, et qui, dans tous les autres moments de l'année, tapisse l'intérieur de son bec et y englue les insectes qui le touchent.

Les martinets laissent rarement leur vol descendre aussi près de terre que celui des hirondelles. Quel que soit l'état hygrométrique de l'atmosphère, on ne les voit pas raser le sol à la poursuite des insectes aux ailes humides. Ils sont plus farouches et vivent à de plus grandes distances de l'homme. Cependant, quand ils font leurs grandes évolutions du soir, en poussant leurs cris assourdissants, ils passent quelquefois à la portée de la main, et n'ont pas l'air de s'en occuper ; ils semblent faire une course au clocher à qui volera le plus vite.

Des oiseaux doués d'un vol aussi rapide doivent avoir une vue extrêmement perçante, et un fait dont a été témoin Spallanzani lui a démontré que ces oiseaux aperçoivent distinctement une fourmi ailée à plus de 100 mètres de distance.

Une autre espèce de martinet, celui *des Alpes*, à ventre blanc, se montre dans le Dauphiné, l'Isère, la Savoie et les Pyrénées. On dit qu'il aime les marais et les étangs, et ne vient dans la montagne que pendant l'été.

Dans la série des hirundinés, les *engoulevents* représentent, avons-nous dit, les oiseaux de proie nocturnes. Ils en ont les yeux grands, les oreilles larges, les plumes molles et flexibles, le plumage brun et jaunâtre moucheté, brisé de macules plus brunes. Leur pouce est presque rudimentaire et leurs tarses sont emplumés comme chez les martinets ; seulement leurs ongles ne sont pas rétractiles comme chez ces derniers, mais celui du doigt du milieu est large et dentelé comme un peigne.

L'engoulevent est très-connu dans nos campagnes, où les noms ne lui manquent pas plus que les superstitions à son égard. Il s'appelle, suivant les lieux : *tette-chèvre*, *crapaud-volant*, que sais-je? Il participe beaucoup à la répulsion que les paysans éprou-

Fig. 88. — ENGOULEVENT.

vent pour tous les oiseaux de nuit, hélas ! leurs plus précieux amis !

Lorsqu'il vole, le soir ou la nuit au clair de lune, autour des arbres où s'agitent les gros insectes et les lourds papillons dont il compose sa nourriture, il fait entendre un sourd et faible bourdonnement, qui plonge dans la terreur les passants attardés, lesquels, n'entendant pas le bruit du vol silencieux de l'oiseau, n'en ont que plus grande frayeur.

Autre bizarrerie qu'il partage avec le scops (V. 14) : lorsqu'il se perche sur une branche, il ne s'y met jamais en travers, mais bien en long ; aussi les gens de la campagne lui ont-ils donné le nom significatif de *chauche-branche*.

L'engoulevent, qui nous arrive d'Afrique vers le milieu de mai et qui repart vers la fin d'août, se plaît dans les marécages et les terrains vagues couverts de buissons et de fougères.

Tout, dans cet oiseau remarquable, est merveilleusement combiné pour le rôle qu'il est destiné à remplir. Son bec énorme, véritable gouffre béant où les insectes viennent s'engloutir, est entouré d'une frange de poils raides qui remplissent l'office de véritable filet à papillons ; puis, comme nous l'avons dit tout à l'heure, l'orteil du milieu est très-long, l'ongle aplati et dilaté, et le bord divisé de manière à former un peigne de sept ou huit dents. A quel usage la nature a-t-elle destiné cet ongle bizarre? Les uns disent que c'est un outil naturel dont les engoulevents se servent pour peigner les poils raides qui garnissent leur bec, ou pour en débarrasser la commissure et les contours des mandibules, des crochets et des pattes des insectes. Quelques auteurs prétendent que c'est une arme offensive pour attaquer et embrocher leur proie; ceux-là, que c'est une sorte de main dont l'oiseau se sert pour transporter ses œufs d'un lieu dans un autre... La vérité, c'est que l'utilité de cet ongle denté est encore un secret pour les ornithologistes. Il est, donc il sert à quelque chose; mais à quoi? — L'avenir nous le dira.

Une autre particularité de l'engoulevent, c'est la liqueur que sécrète la partie supérieure du bec. Ce liquide est assez visqueux pour engluer les insectes et les retenir attachés. Chose singulière! les papillons et autres animalcules de l'air, ainsi engloutis, restent encore vivants! J. Franklin dit qu'un chasseur, ayant tué un engoulevent, vit sortir du bec de l'oiseau un papillon qui prit sa volée; ouvrant le jabot, le lendemain matin, il découvrit que cet estomac contenait plusieurs autres papillons qui avaient vécu toute la nuit dans cette prison étrange, et qui, remis en liberté, coururent çà et là sur la table en agitant leurs ailes.

Si nous ajoutons à la grandeur démesurée du bec de cet oiseau et à ce liquide visqueux qu'il sécrète, son vol rapide et silencieux, nous comprendrons toute l'importance de ses services par l'immense quantité d'insectes qu'il doit détruire.

TROISIÈME PARTIE

OISEAUX DES JARDINS

TROISIÈME PARTIE.

OISEAUX DES JARDINS.

CHAP. VII. — MANGEURS DE FRUITS.

Loriot.
Fauvette à tête noire.
— des jardins.
Mésange à longue queue
Geai.
Moineau domestique.
Moineau cisalpin.
— espagnol.
— friquet.
Bouvreuil.
Gros-Bec.
Sizerin.

CHAP. VIII. — VOLEURS DE GRAINS.

Verdier.
Pinson.
Chardonneret.

CHAP. IX. — CHERCHEURS D'INSECTES.

Rouge-Gorge.
Rossignol.
Rouge-Queue.
tithys.
Pétrocincle de roche (merle).
— bleu (merle).
Hypolaïs ictérine.

CHAP. X. — CHASSEURS DE NUIT.

Chevêche commune.
Surnie chevêchette.
Effraie.

CHAPITRE VII

MANGEURS DE FRUITS.

Tout le monde a entendu, vers le printemps, après le chant du coucou, la monotone roulade du *loriot*, qu'il continue jusqu'à l'automne. Nous au-

Fig. 89. — LORIOT.

rions peu de chose à dire de lui, s'il n'était, en somme, plus nuisible qu'utile, malgré sa qualité de mangeur d'insectes. Malheureusement, il annule une bonne partie de cette vertu en montrant un goût beaucoup trop décidé pour les cerises et autres fruits mûrs et en dévalisant quelquefois les parties reculées des vergers. En tous cas, c'est un oiseau farouche, aimant les bosquets et les taillis, parce qu'il lui faut des branches flexibles et fourchues pour suspendre son nid, qui pend comme un petit bénitier dans leur bifurcation. Malheur aux figuiers et aux mûriers qui mûrissent dans son voisinage !

Farouche, ami de la liberté, courageux, — on a vu plusieurs loriots attaquer un émouchet et le mettre en fuite, — cet oiseau succombe presque toujours en captivité, et c'est dommage, car sa robe est l'une des plus belles de notre pays, composée qu'elle est de jaune d'or et d'une chape de noir profond. Bec brun, œil rouge vif.

Nous arrivons maintenant au charmant groupe des chanteurs de l'été, aux *sylviens*.

Pourquoi les comprendre parmi les commensaux du jardin? Ne conviendrait-il pas autant de les ranger parmi les habitants de la lisière des bois?

On le pourrait, car ils fréquentent tous ces endroits; mais il me semble que la *fauvette* chante mieux et plus volontiers dans le voisinage de l'habitation de l'homme. Est-ce vérité, est-ce illusion? Sa voix ne m'a jamais semblé si agréable en plein taillis que parmi les bosquets du jardin anglais, et je me figure que la coquette chanteuse vient près de nous dans l'espoir d'être admirée, appréciée et applaudie! Combien d'oiseaux, même dégradés par la domesticité, recherchent, soit pour leur chant, soit pour leur beauté, l'approbation tacite ou énoncée de l'homme! Le rossignol — ce voisin des fauvettes — ne chante jamais mieux que quand il se sait écouté! C'est alors qu'il se surpasse, qu'il exécute ses trilles insensés, ses fusées inimitables.... Éloignez-vous, il vous entendra partir, et sa voix baissera d'expression.

Avons-nous également raison de placer les *sylvies* parmi les mangeurs de fruits? Hélas! nous y sommes forcés pour ne point compliquer de catégories ambiguës notre classification si simple et si claire. Quoi qu'il en soit, nous rendrons hommage à la vérité en déclarant ici que les sylviens sont tout à la fois utiles et nuisibles; sont, suivant la saison, des amis ou des ennemis et que, s'ils savent chercher et saisir les insectes, ils sont surtout friands de fruits sucrés. Les figues, les mûres, les raisins, les groseilles, les cerises, les baies de sureau les attirent en grande hâte, et, à l'époque où les fruits abondent, ils font de ceux-ci leur nourriture à peu près exclusive. Il nous faut donc, pour les laisser ici, suivre plutôt l'habitude que la raison et avertir nos lecteurs — ce que nous avons fait!

Il nous reste à remarquer que, dans la grande division des sylviens, nous trouvons des types se transformant peu à peu et s'écartant, par cela même, d'autant plus des *turdiens* que nous avons dénombrés. A mesure que nous nous éloignerons, nous tendrons à quitter les jardins, les haies et les bosquets réduits, pour gagner d'abord les taillis et les lisières, puis enfin le cœur des grands bois. Ce sera donc dans les divisions I, 2 et I, 1 que l'on retrouvera les sylviens qui ne seront points décrits ici.

Les *fauvettes*, en général, ne se font pas remarquer par leur plumage, dont les couleurs sont ternes, peu éclatantes, appropriées au milieu dans lequel elles doivent vivre; grises pour celles qui demeurent parmi des tiges des arbustes et qui se confondent avec elles; jaunes ou vertes pour les espèces qui passent leur vie au milieu du feuillage des arbres les plus élevés ou des roseaux, et y disparaissent complétement par assimilation de nuances.

Tous ces oiseaux sautent et ne marchent point.

Ils ne descendent que rarement à terre et cherchent leur nourriture sur les arbres et le long des tiges, ce qui éloigne beaucoup les fauvettes des rossignols, d'autant plus que leur chant manque de sons flûtés. Toujours en mouvement dans le milieu qu'elles se sont choisi, les sylvies ont un signe pour exprimer la crainte ou l'étonnement d'un objet

Fig. 90. — FAUVETTE A TÊTE NOIRE.

qu'elles ne connaissent pas; elles gonflent le cou et dressent les plumes de la tête.

D'un naturel doux, familier même, ces charmants petits oiseaux ne craignent point l'homme, pas assez même quand il veut les chasser de ses vergers. Leur vol est bas, sautillant, irrégulier et produit par de brusques battements d'ailes de peu d'étendue et d'autant plus courts que les fauvettes sont plus grasses. Les sylvies ne voyagent que le matin et le soir, quelques heures avant et après le coucher ou le lever du soleil; elles émigrent isolément et jamais en bandes ni même par familles.

La *fauvette à tête noire* est très-commune dans notre pays, et elle y passe l'été, pour prendre ensuite ses quartiers d'hiver dans le Midi. Elle ne dédaigne pas les baies du lierre en hiver quand elle n'a rien de mieux, ainsi que les autres petites baies des haies; mais elle préfère les fruits sucrés que l'homme cultive... et ne s'en prive pas.

Cette fauvette a deux chants parfaitement caractérisés : d'abord, sa grande chanson à toute voix, qui se compose de phrases très-courtes ou de la chanson entière; puis un léger gazouillement excessivement doux et qui ressemble à un chant de fauvette entendu de très-loin. Si l'on imite ce gazouillement en sifflant au-dessous de l'arbre touffu où elle se tient, elle répète son petit bruissement après vous.

La *fauvette des jardins* ou *petite fauvette* a les mêmes mœurs que la précédente; elle est facile à reconnaître à son cou blanc roux et au tour de ses yeux blanc pur. Elle est tout aussi amie des fruits que la précédente (voy. VI, 15).

Les *babillardes*, grande et petite, la *passerinette* ou *bec-fin subalpin*, l'*épervière*, la *mélanocéphale*,

Fig. 91. — FAUVETTE DES JARDINS.

toutes ces espèces sont *habitantes des taillis et des lisières;* nous les y trouverons donc mieux à leur place (voy. I, 2), tandis que la *grisette* ira prendre rang parmi les *hôtes des champs* (voy. II, 5).

La *mésange à longue queue* (fig. 13) se distingue facilement des autres espèces par sa queue plus longue que le corps entier. Le dessous du ventre et la tête sont blancs, teintés de roux avec des taches brunes sur la poitrine; le dos et le milieu des ailes sont complétement noirs. D'un naturel vif et étourdi, ce petit animal ne prend pas un instant de repos: suspendu aux branches, passant d'un arbre à l'autre,

Fig. 92. — MÉSANGE A LONGUE QUEUE.

il marche ainsi par familles et par petites bandes qui ne se séparent jamais, car on ne rencontre pas d'individus isolés. Tous se rappellent constamment par un léger cri répété sans cesse: *ti...ti...ti...*, et le chef de la bande possède en outre un ton d'avertissement différent et plus perçant, pour prévenir les individus écartés du danger commun : à ce cri, tous disparaissent en se cachant entre les branches et se tiennent coi et immobiles. Ces mésanges aiment d'ailleurs les arbres de haute taille et fréquentent les cimes des futaies. Quelquefois, à l'automne, on les voit se rapprocher des lieux habités et y rejoindre les autres oiseaux de leur famille dans les vergers et les grands jardins.

Le nid de cette mésange, très-industrieusement construit, est collé à 2 mètres de hauteur contre le tronc d'un chêne, d'un tremble, d'un peuplier, quelquefois d'un arbuste, quand les arbres manquent. Ce nid est d'ailleurs très-variable, tantôt ovale, tantôt en boule, suivant qu'il est fait par un jeune ou par un oiseau adulte ; tantôt il n'a qu'une ouverture, tantôt il en a deux, selon les besoins de la couvée. Mais, dans ce dernier cas, les parents s'empressent de boucher l'une des deux ouvertures dès qu'elle leur devient inutile. Ce nid est tapissé, en dehors, d'un revêtement de mousse fine et de lichens découpés, et matelassé, en dedans, de plumes et de duvet. Il a $0^m,12$ à $0^m,20$ de hauteur sur $0^m,8$ à $0^m,10$ de diamètre. Il est fermé en dessus et en dessous. La femelle y pond de 6 à 12 œufs, rarement 15 et plus rarement 18. Ces œufs sont d'un blanc légèrement rosé quand ils viennent d'être pondus, et pur quand ils sont vides. On y observe de très-petites mouchetures couleur de brique pâle, plus nombreuses au gros bout.

N'oublions pas un ennemi déclaré, le *geai* (voy. I, 2), et arrivons au *moineau*, ce parasite de l'homme et de ses cultures, sur lequel tant de choses ont été dites, sans qu'une conclusion puisse être formulée d'une manière générale. En effet, l'utilité ou la *nuisance* d'un oiseau est chose relative. Telle espèce peut être indifférente dans tel pays et avec tel mode de culture, qui devient des plus dangereuses un peu plus loin, parce que les plantes cultivées ou les arbres recherchés par elle sont différents.

Tout d'abord, établissons une distinction nécessaire et que nous devons à O. des Murs. On a longtemps fait du moineau le type du *fringille;* c'est une grave erreur. Le moineau est un voisin du *tisserin*, cet oiseau charmant du pays d'Afrique, qui sait composer un nid si merveilleux au moyen de brins, de filaments quelconques, entrelacés ensemble. Non-seulement les moineaux ont des couleurs analogues à celles des tisserins, des mœurs semblables, un mode de nidification presque identique, mais ils pondent encore les mêmes œufs. Il ne faut pas juger le nid du moineau par les bottes de foin ou de paille, de plumes et de chiffons, que nous lui voyons empiler derrière une persienne ou échafauder sur une corniche. Le véritable nid du moineau est fait par lui *dans* les arbres, et alors c'est un véritable chef-d'œuvre d'architecture tressée.

Tout cela ne ressemble en rien au nid du *pinson*, coupe élargie, du *chardonneret*, du *tarier* ou de dix autres vrais fringilliens.

De plus, les jeunes naissent absolument nus.

Les moineaux ont, en général, des formes massives et une livrée triste, brune et grise. Tous vivent de graines, de fruits; au printemps, ils nourrissent leurs petits d'insectes et surtout de chenilles, dont ils font alors un grand carnage. En hiver, ils mangent tout ce qu'ils trouvent, et, en général, ils se font, en cette saison, les parasites de l'homme et les commensaux de ses demeures.

Malgré les services incontestables qu'ils rendent à l'agriculture et au jardinage en détruisant des chenilles, des hannetons, des insectes divers et quantité de semences inutiles ou nuisibles, ils font une si grande consommation de certaines graines cultivées et de certains fruits que, suivant les lieux, ils doivent être considérés comme nuisibles ou comme utiles. Par conséquent, c'est avec raison qu'il ne faut point affirmer une manière d'être plutôt qu'une autre vis-à-vis de ces oiseaux et de presque tous les fringilliens; la conduite de l'agriculteur est la résultante des actions qui se produisent autour de lui. Si, par exemple, il ensemence de grands espaces en millet, en chanvre, en colza, les moineaux deviendront immédiatement des ennemis acharnés, qu sauront bien se réunir en nombre immense dans ses champs ou chénevières, attirés en quelque sorte par la renommée de cette contrée.

Entre parenthèse, comment cette notion d'un endroit plus abondant en nourriture se propage-t-elle de proche en proche parmi le peuple *moineau?* Auraient-ils, comme nous le pensons sans trop l'affirmer, un moyen d'exprimer leurs pensées?

Mais alors le raisonnement suit.

Si les animaux raisonnent...

Nous allons bien loin, en ce moment, pour un livre de vulgarisation absolue!... Les conséquences de nos prémisses sont telles, qu'il nous semble plus sage de nous abstenir.

Quoi qu'il en soit, le rassemblement sur un point favorable de tous les moineaux d'un canton est un fait avéré; le cultivateur trouvera donc un abus dans ce conciliabule non autorisé et fera bien de fermer la séance en fusillant sans miséricorde les orateurs et les piailleurs les plus acharnés.

Il en sera de même chez le jardinier qui voudra se livrer à la culture des cerisiers, des groseilliers, framboisiers et, en général, de tous les fruits qui ont une si grande valeur auprès des villes. Pour lui, le moineau est un ennemi.

Le vigneron en treilles et celui en vignes le craignent au même degré; chez l'un comme chez l'autre, le moineau est un pillard effronté, que l'on a grand'peine à faire fuir, sinon à détruire. Dans les treilles, ce dernier moyen n'est pas toujours commode, parce que le coup de fusil fait autant de mal aux grappes que l'oiseau qu'il doit atteindre (voy. VI, 15).

Au contraire, dans une ferme où toute la surface du terrain sera emblavée de céréales ou couverte de prairies artificielles, où les fruits à cidre formeront la récolte des arbres, le moineau sera, par nous, considéré comme un ami et un coadjuteur précieux. Quoique l'on ait dit que cet oiseau — et les autres fringilles — sont essentiellement granivores, je demeure persuadé que la plupart des insectes à durs élytres, par conséquent tous les charançons, les hannetons, les taupins et dix autres, en général tous les coléoptères, leur sont beaucoup plus agréables, tant qu'ils peuvent les trouver, que les grains qu'ils viennent picorer l'hiver à la porte des granges, ou prélever impudemment sur la provende des poules et des pigeons.

Tout le monde sait que, l'hiver, les moineaux aiment à se réunir en grandes bandes et que cette réunion est, pour les campagnards, un indice assuré des premiers froids. Il est probable que dans cette association ils ont pour but, en se rapprochant pendant la nuit et durant les journées de bise sur les mêmes branches, de se réchauffer mutuellement. Ce qu'il y a de certain, c'est que ces oiseaux montrent une véritable sagacité dans le choix de leur lieu de retraite : ils savent très-bien apprécier les endroits abrités, où, frileux, ils reçoivent jusqu'au dernier rayon oblique du soleil d'hiver. Si vous connaissez une grande haie dont le pied, bien garni de broussailles, soit tourné au couchant ou au midi, allez-y pendant la dure saison ; c'est de là que vous ferez partir une bande de moineaux qui s'y blottissait en *perrotant*. En général, tous les fringilles aiment ces réunions, fort hospitalières d'ailleurs, car les moineaux y reçoivent toutes les espèces qui veulent en faire partie ; aussi on y remarque des *pinsons*, *soulcies*, *bruants*, etc.

Leurs cris sont assez importuns, surtout vers le soir, au moment où ils vont se livrer au sommeil tous ensemble, et ils forment un trop long concert. Leur vol est rapide, court et rarement élevé ; leurs ailes font d'ailleurs beaucoup de bruit pour leur grandeur. A terre, le moineau ne marche pas, il saute.

Le lecteur n'attend pas que nous lui fassions la description du moineau ; qu'il veuille bien se mettre à sa fenêtre, et, en quelque lieu qu'il soit, il en verra, car l'espèce *commune* existe partout en Europe. Dans le Midi, le *moineau domestique* est remplacé, en partie, par un moineau *italien* que l'on nomme le *cisalpin,* dont les mœurs sont les mêmes, la voix et les couleurs semblables. Seulement il se distingue par les raies noires qu'il porte sur le dos et le cou plus nettes et par le ventre plus blanc que chez l'autre espèce.

Le *moineau espagnol,* aux flancs mouchetés de noir avec une bande blanche et noire sur l'aile, est encore un voisin des pays méridionaux, qui, là-bas, vient se mêler aux bandes de *cisalpins* et de *domestiques.* Ses mœurs sont les mêmes que celles des deux précédentes espèces : lui-même, comme le cisalpin, ne me semble qu'une variété de climat de notre moineau domestique.

Le *friquet* est un tout autre moineau. C'est pourquoi nous devons nous transporter avec lui dans la région des taillis et des boquetaux aimés des chanteurs volants (voy. I, 2).

Nous ne voulons pas omettre de rapporter ici une observation intéressante du Dr Sacc, qui va nous révéler un fait curieux dans l'histoire du moineau, la fécondité des femelles.

« Le travail de M. Moquin-Tandon, dit-il, m'intéresse beaucoup, et l'observation qu'il rapporte sur le grand nombre d'œufs pondus par le moineau femelle de Mme Guérin-Méneville me rappelle que, étant enfant encore, j'avais résolu de découvrir combien un de ces oiseaux pondrait d'œufs en une saison, si on les lui enlevait à mesure qu'il les pondrait. Dès que, dans un nid placé sous le toit d'un poulailler, le 5e œuf fut pondu, j'en enlevai 4; puis *chaque jour* 1, jusqu'au 35e, où, ayant effarouché la pondeuse, je la vis quitter le nid pour n'y plus revenir. Voilà donc la preuve que, à l'état sauvage, un moineau peut pondre, *sans interruption*, 35 œufs en autant de jours, si on les lui soustrait à mesure qu'il les dépose. C'est là le secret de l'énorme multiplication de ces oiseaux, qui rebâtissent leur nid dès qu'on le leur a enlevé, en sorte que leurs couvées peuvent se continuer pendant toute la belle saison. Je crois du reste aussi que chaque paire fait plusieurs pontes par an; car parmi ceux qui se nourrissent dans ma basse-cour, par centaines, j'ai vu souvent, en été, des jeunes de plusieurs âges, et cela de juin jusqu'en septembre. »

A côté du moineau, nous sommes disposés à placer le *bouvreuil vulgaire*, encore un granivore et un frugivore déterminé; encore un pillard, plus paresseux et moins alerte il est vrai, mais qui rachète largement cette qualité par la destruction des bourgeons qu'il pratique à l'automne.

L'entrée d'une bande d'enfants affamés vaudrait dix fois mieux dans un verger que la venue d'une bande de *bouvreuils*. Derrière les premiers reste l'espoir de la récolte prochaine ; après les seconds,

Fig. 93. — BOUVREUIL COMMUN.

il ne reste plus rien pour l'avenir ! Aussi les gens de la campagne redoutent-ils les *ébourgeonneurs*, comme ils les appellent, et ne négligent-ils rien pour les détruire. Cerisiers, pruniers, abricotiers, amandiers sont surtout ravagés par ces gros et lourds visiteurs. La seule consolation de l'homme est de s'en emparer et de les réduire en captivité, où ils vivent bien et apprennent à siffler.

Nous n'avons pas grand chose à dire du plumage du bouvreuil, qui nous a toujours semblé triste et

Fig. 94. — GROS-BEC COMMUN.

terne, malgré le ton rougeâtre de la poitrine. Chez cet oiseau le bec est gros, court, conique, bête, l'œil est bête, la démarche est bête... tout est bête, stupide, même le chant!

Son nid est plat, négligé, formé de chiendent et

de radicelles; l'oiseau y pond 4 œufs bleuâtres, tachés de rouge noir au gros bout.

Le *gros-bec* est tout simplement un bouvreuil à sa seconde puissance, comme dégât et comme stupidité. Cet oiseau n'a point de chant, il n'a qu'un bec, un bec semblable à un casque, lui emboîtant le devant de la tête. Pour se servir de cette énorme mâchoire, il lui faut un long travail et beaucoup d'attention : aussi est-il silencieux et solitaire. Quand il arrive dans les jardins et les vergers, adieu bourgeons, baies, fruits, même ceux à noyau, adieu raisins! Tout y passe!

Fig. 95. — SIZERIN BORÉAL.

Son énorme bec est blanchâtre et son plumage

n'offre rien d'attrayant. Tête marron et noire; en somme une livrée brune, noire et blanche; un peu de rougeâtre devant le cou.

Cet oiseau n'est pas difficile sur le choix de sa nourriture; il mange un peu de tout: fruits du hêtre, de l'orme, du frêne, de l'érable, baies du genévrier, du cormier, de l'épine blanche, cerises, prunes, dont il casse les noyaux avec la plus grande aisance pour manger les amandes; chènevis, choux, radis, laitues et toutes graines semblables.

Le *sizerin* fréquente les lieux plantés d'aunes, de bouleaux, de peupliers, dont il mange les graines et les bourgeons. Comme les mésanges, il se suspend aux petites branches et les parcourt avec une agilité surprenante, ce qui indique un *échenilleur*. Il est probable que ses dégâts sont ainsi compensés par ses services.

CHAPITRE VIII.

VOLEURS DE GRAINES.

Le *verdier* ordinaire est sédentaire dans la plupart de nos départements et se fait craindre par les dégâts qu'il commet dans les chénevières et les li-

Fig. 96. — VERDIER ORDINAIRE.

nières du pays. Toutes les graines lui conviennent; il mange même celles du tithymale réveille-matin que tous les autres oiseaux abandonnent; à ce titre il est encore un ennemi des jardins, et en même temps un des plus redoutés de la vigne (voy. VI, 15).

Au nombre des mangeurs de graines, nous ne pouvons omettre de citer le *pinson ordinaire*, que

Fig. 97. — PINSON ORDINAIRE.

tout le monde connaît, et auquel des campagnards accordent une sorte de protection dans quelques localités. Quoique nuisible pendant une grande partie de l'année, cet oiseau rend cependant quelques services, parce que, de même que la plupart des oiseaux granivores, il nourrit ses petits de chenilles et d'insectes, dont il détruit ainsi une grande quantité. Adulte, il vit presque exclusivement de graines; aussi le voit-on toujours posé ou courant à terre à la recherche de sa nourriture.

Dans certaines localités du Nord, les pinsons sont très-recherchés pour leur chant. Les amateurs organisent même des concours où des prix sont décernés aux vainqueurs, et ils poussent la barbarie jusqu'à crever les yeux de ces pauvres oiseaux, afin que ceux-ci, n'étant plus distraits par les objets extérieurs, fassent entendre plus souvent leur voix. Chose singulière! Le chant de ces oiseaux varie presque autant que les diverses contrées qu'ils habitent.

Le nid du pinson, où la femelle fait deux pontes par an de 3 à 5 œufs, est des plus artistement construit. Il est si bien arrondi qu'il semble fait au tour. L'oiseau l'attache solidement sur une branche et le recouvre de lichens, ce qui le rend très-difficile à apercevoir, même de près. Quand on attaque ce nid, l'oiseau plane dessus en criant.

Le pinson est généralement considéré comme un oiseau pernicieux et on le traite en conséquence. Il détruit peut-être quelques semences; mais il nous délivre aussi d'une grande quantité d'insectes nuisibles, et cette circonstance doit plaider en sa faveur.

Le *chardonneret* est encore un mangeur de graines qui visite nos jardins en compagnie des pinsons et

Fig. 98. — CHARDONNERET.

des autres fringilles. Il niche dans les vergers, sur les pommiers, poiriers, ormes, chênes verts, et se construit son nid avec beaucoup d'art. Très-fécond, il rachète les dégâts qu'il fait parmi les graines de chardons, de pavots et de chicorée, par la quantité de vers et de chenilles qu'il détruit pour nourrir ses petits.

Ajoutons que son plumage en fait un des plus élégants oiseaux de nos pays, et que son chant est fort goûté des amateurs d'oiseaux. Doux, sociable et très-docile, le chardonneret vit longtemps en captivité; il s'accouple avec la femelle du serin, produisant ainsi des métis qui sont fort recherchés pour la beauté de leur chant plutôt que pour l'éclat de leur plumage.

CHAPITRE IX.

CHERCHEURS D'INSECTES.

Nous rangeons, un peu bénévolement, le *rouge-gorge familier* au nombre des auxiliaires de l'homme : nous nous laissons peut-être aller avec excès, nous devons l'avouer, à la séduction que ses manières confiantes et familières exercent sur nous, car il n'a droit d'être compté que comme un *indifférent*, ni plus ni moins. S'il est insectivore en été, il n'en recherche pas moins, tant qu'il peut, les cerises et autres fruits mûrs, et, à l'arrière-saison, toutes les baies lui sont bonnes; le raisin lui-même ne lui déplaît pas! Il sait bien que ses admirateurs, — et surtout ses admiratrices, car il est l'hôte aimé des dames, — nous soutiendront que s'il va dans les treilles ou dans les vignes, c'est ponr y faire la chasse des mouches et des insectes qu'attire la maturité du fruit sucré. Je l'accorde; mais hélas! je suis obligé de porter à son *debet* que le même fruit sucré l'attire tout autant que les mouches!

Le rouge-gorge a été placé, — depuis ces dernières années, par les naturalistes modernes, — à la suite des grives, et l'on a eu raison. Plus on regarde ce

Fig. 99. — ROUGE-GORGE.

petit oiseau, plus on y voit un type réduit du moule *merle*. Par ses mœurs, ses habitudes, son genre de vie, sa manière de voler, de marcher, sa vivacité, enfin par ses caractères généraux et surtout par la forme de ses ailes, il faut en convenir, le rouge-gorge familier, l'hôte des maisons et des chaumières, est un petit *merle*. Et, si son noir cousin ne vient pas jusque dans nos maisons, c'est qu'il ne l'ose pas; car on le voit, quand la neige couvre la terre, venir jusqu'aux buissons qui en ombragent la porte, piller la soupe du chien ou celle des canards... et fuir à tire d'ailes au premier mouvement. C'est un poltron! Voilà toute la différence entre lui et *l'oiseau du bon Dieu*.

Quoi qu'il en soit, et tout bien considéré, nous n'hésitons pas à ranger le rouge-gorge parmi les oiseaux utiles.

Le rouge-gorge est un oiseau remarquable par l'affection qu'il a pour ses petits. Citons-en un exemple charmant :

« Un gentleman de mon voisinage, dit Franklin, avait fait préparer dans une voiture des paniers d'emballage et des caisses qu'il voulait envoyer à Worthing. Son voyage fut différé de quelques jours, puis de quelques semaines; il fit placer le chariot chargé sous un hangar dans la cour. Pendant ce temps, un couple de rouges-gorges fit son nid entre la paille et les objets d'emballage, et couva ses œufs avant que le chariot se mît en route. La mère, nullement effrayée par le mouvement de la voiture, quittait seulement son nid de temps en temps pour voler

Fig. 100. — ROSSIGNOL ORDINAIRE.

sur la haie voisine, où elle cherchait à manger pour ses petits, leur apportant ainsi, tour à tour, la chaleur et la nourriture. Le chariot et le nid arrivèrent à Worthing; la mère et les petits retournèrent sains et saufs à Walton Heath, d'où ils étaient partis. »

Les *rossignols*, il faut le reconnaître aussi, ont beaucoup plus de rapports, par leur physionomie générale, leurs habitudes, leurs allures, avec les *merles* qu'avec les *fauvettes*. Au premier abord, cette proposition étonne : on se reproche de n'avoir pas plus tôt discerné ces moules réduits du merle et de la grive; mais un peu plus d'attention démontre que la sagacité des observateurs n'a pas été mise en défaut, et qu'il vaut mieux rassembler en familles naturelles les oiseaux par des caractères d'ensemble, de mœurs, de conformation, que d'après de vagues ressemblances de teinte ou de plumage, mieux encore par des similitudes d'habitat.

Très-rapprochés des rouges-gorges et, par conséquent, appartenant vraisemblablement à la série des merles, les rossignols marchent et ne sautent point. Ils descendent souvent à terre pour chercher, sous les feuilles, sous la mousse, les vers, les insectes dont ils font leur nourriture exclusive. Ce sont des oiseaux vifs, gloutons, inquiets, fuyant toute société, même — surtout, dirait-on! — celle de leurs semblables.

Les *rouges-gorges* ou *rubiettes* sont aussi peu sociables, et toute rencontre est un combat.

Tous deux choisissent, quand ils le peuvent, pour demeurer, les lieux sombres, ombragés et frais, de véritables fabriques naturelles de vers et de larves; tous deux aiment les charmilles, les bosquets et le voisinage de quelque cours d'eau. Dans leurs migrations, ils sont toujours, tous les deux, solitaires; ils paraissent avoir des routes régulières, dont ils s'écartent peu, et, tous les ans, reviennent à l'endroit adopté une première fois.

Le nid du rossignol est composé, à l'extérieur, de feuilles placées comme les pétales d'une rose, reliées par quelques herbes fines; l'intérieur est fait en longues et fines lanières d'herbes tournées en rond. La femelle y pond trois œufs couleur feuille morte et brillants comme s'ils étaient vernis.

Fig. 101. — ROUGE-GORGE DE MURAILLES

Nous n'avons rien à dire ici du chant merveilleux de cet oiseau, et il importe peu au sujet spécial de cet Essai; mais nous devons faire remarquer que la chanson mélancolique du rouge-gorge ne manque ni de douceur ni d'harmonie.

Le *rossignol de muraille* ou *rouge-queue* est encore un charmant petit oiseau, voisin des précédents par ses mœurs. Plus haut sur pattes, le front blanc au milieu d'une tête noire, la queue rouge, hochant comme celle des bergeronnettes, le rossignol de muraille a une tournure tout à fait à lui, qui le fait reconnaître de loin. Il niche volontiers dans les kiosques des jardins anglais, aussi dans les trous de murailles, et ne craint pas beaucoup l'homme. Son bonheur est de se planter en vedette sur un tuteur, sur un objet élevé d'où il domine les alentours; il fait la même chose sur les rochers, les arbres, sur tout ce qui se dresse. Là, il balance sa queue comme pour se tenir en équilibre, et s'élance, en tourbillonnant, au vol sur les insectes qui passent à sa portée, imitant en cela les vrais *gobe-mouches*. D'autres fois, il fond brusquement sur le ver ou l'insecte qu'il a aperçu sur le sol.

Ces oiseaux sont mélancoliques, solitaires; leur chant est très-doux, harmonieux comme un son de harpe éolienne. On les entend chanter sans les voir remuer, sans que leur bec ou leur tête participe à ces mouvements gracieux habituels aux granivores.

A propos de cet animal, nous citerons un fait qui

prouve que les oiseaux ne sont pas aussi dénués d'intelligence qu'on le supposerait.

Je découvris un jour, dans un trou de mur de mon jardin, un couple de rouges-queues dont le mâle se tenait constamment perché sur un arbre près de l'endroit où était le nid, et faisait entendre son chant plaintif et bavard lorsqu'il voyait un objet capable d'éveiller ses alarmes. La femelle était en train de couver. Un jour, le père fut tué d'un coup de pierre ; le lendemain, un autre mâle avait pris sa place et aidait la mère à élever la petite famille... Ce trait de mœurs est remarquable.

Le *rouge-queue tithys* a les mêmes habitudes et se reconnaît à ce que son front manque de la couronne blanche. C'est surtout un ami des maisons et des édifices, surtout des murs en ruines, où il établit son nid. Dès l'aube du jour, posé sur une cheminée ou sur le pignon d'une maison, il fait entendre des cris d'appel ou son chant d'amour. Tous les ans, il revient à l'endroit choisi par lui ; mais si on l'inquiète, si on lui dérobe ses œufs ou ses petits, il part et ne revient plus !

Rien n'est plus touchant que la confiance de cet oiseau dans l'homme, et l'abandon avec lequel il confie sa famille à son voisinage. C'est un couple de tithys qui, en Allemagne, dit le prince Ch. Bonaparte, avait construit son nid et élevé sa couvée dans une locomotive de chemin de fer fonctionnant très-fréquemment!

C'est encore le *tithys* qui niche dans les chalets et les cabanes abandonnés de nos Alpes françaises, et qui va, près des neiges éternelles, tenir compagnie à *l'accenteur* et à la *niverolle,* ces trois amis étant

Fig. 102. — ROUGE-QUEUE TITHYS.

seuls, bien seuls, les trois uniques habitants de ces énormes solitudes. Dans nos pays du Nord, il préfère se confiner dans les jardins.

Dans le Midi seulement, nous trouvons un charmant petit oiseau très-voisin, à la tête bleue, au dos noir moucheté de blanc, à la poitrine rouge : c'est le *pétrocincle des roches* et son cousin le *pétrocincle bleu*. Ces oiseaux se tiennent presque constamment sur les montagnes les plus arides et les plus nues, au milieu des rochers : ils aiment aussi les masures et les châteaux en ruines. D'un naturel solitaire, on les connaît dans les Pyrénées, dans le Dauphiné, la Franche-Comté même, sous le nom de *merle de roche* et *merle bleu*. Souvent on les voit perchés

Fig. 103. — PÉTROCINCLE DES ROCHES.

immobiles sur la plus haute branche d'un arbre mort ; mais cette station n'est qu'accidentelle ; leur position normale est sur les rochers escarpés, sur les vieilles tours isolées, les édifices en ruines. Ils s'avancent quelquefois, malgré leur sauvagerie, jusqu'au milieu des villes.

Insectivores, ils recherchent cependant les baies, et, à l'automne, ils se nourrissent de celles du pistachier lentisque, y joignent des figues, et deviennent très-gras. Utiles comme destructeurs d'insectes.

Nous devons compter au nombre des chercheurs d'insectes, mais mitigés, les *sylviens*, que cependant nous renfermons en grande partie dans la catégorie précédente (III, 7) des *mangeurs de fruits*. Ils participent en effet des deux natures : frugivores tant qu'ils trouvent à picorer une baie sucrée, insectivores à leur tour quand la froide saison approche ou tandis que l'été n'a point rougi les fruits nouveaux.

A la suite des *sylviens*, mais beaucoup plus insectivores qu'eux, il convient de placer les fauvettes grimpantes (*calamoherpes*), qui abandonnent les bords de l'eau (IV, 11), lieu de prédilection de leur famille, pour venir dans les bosquets et les jardins, même ceux des villes, faire la chasse aux insectes et, le cas échéant, manger quelques fruits.

Les *hypolaïs* sont des oiseaux querelleurs, hargneux et sans cesse en mouvement. Elles saisissent très-ordinairement au vol tous les insectes ailés qui passent à leur portée, et — faculté inexplicable comme utilité ! — savent contrefaire, dans leur chant varié, la voix et le ramage des autres oiseaux. Dans quel but? Quel rapport peut avoir cette contrefaçon avec leur besoin de vivre?

Au nombre de ces jardinières, il faut citer d'abord l'*hypolaïs ictérine,* que Buffon appelait à tort la *fauvette des roseaux*, et qui préfère nicher sur les arbustes, souvent sur les lilas, parmi les bosquets et les vergers. Dans le département du Nord, où elle est très-commune, l'ictérine se tient indistinctement dans les bosquets humides, dans les vergers et les

Fig. 104. — HYPOLAIS ICTÉRINE
(FAUVETTE DES ROSEAUX, de Buffon).

jardins élevés et secs. Elle y arrive vers la première quinzaine de mai et en repart vers la fin d'août. Dès son arrivée, le mâle fait entendre, du haut d'un arbre ou de la branche d'un buisson, un chant très-varié et fort, en imitant celui de plusieurs autres oiseaux; aussi n'est-il connu, dans les pays qu'il hante, que sous le nom de *contrefaisant.* Il se montre d'un caractère vif, folâtre et jaloux; jamais on n'en voit deux dans le même jardin. Au moment de son arrivée, il se cantonne, et l'on n'entend d'autre chant que le sien. Si on le tue, il est, un jour ou deux après, remplacé par un semblable.

Fig. 105. — VANNEAU.

A la suite de tous les échenilleurs que nous venons de passer en revue, il convient d'indiquer les destructeurs de mollusques (limaçons et limaces), d'insectes coureurs et de larves, que l'homme peut s'adjoindre pour purger son jardin de ces déprédateurs toujours acharnés, et pour défendre, par eux, ses fruits, ses fleurs et ses légumes.

C'est dans la division IV, des *Oiseaux de rivières,* que nous donnerons la liste intéressante de ces utiles animaux. Tous, ou presque tous, appartiennent aux diverses familles des échassiers, *oiseaux de marais et de rivages* (10 et 11). Quelques-uns, compris dans

Fig. 106. — PLUVIER.

la section 12 des *oiseaux de grande eau,* ne sont point non plus à dédaigner; nous y avons donc condensé les renseignements utiles, tout en regrettant que ces appropriations civilisées ne soient pas mieux étudiées. N'est-il pas fâcheux de voir que tant d'animaux ne demandent pas mieux que de nous aider — bien mieux ! de nous suppléer — dans une besogne fastidieuse et que nous faisons mal sans que nous daignions prendre la peine de favoriser ces penchants ! Qui croirait que nous pourrions domestiquer facilement une douzaine d'espèces d'oiseaux de notre pays, oiseaux

Fig. 107. — CHEVALIER.

qui nous paieraient au centuple les soins que nous leur aurions donnés, et que nous ne le faisons pas ?

Ah ! les Chinois sont plus forts que nous ! Ils ont su, du moins, dresser et domestiquer le pélican. Nous, nous ne savons même pas domestiquer les *vanneaux, pluviers, chevaliers* et *tutti quanti* qui ne demandent qu'à nous être utiles !

CHAPITRE X.

CHASSEURS DE NUIT.

Nous ne pouvons nous empêcher de placer ici trois amis qui veulent bien vivre autour de nous, dans nos jardins et même dans nos demeures, et que, malgré leurs services, nos paysans persécutent sans pitié, uniquement parce qu'ils appartiennent à la grande tribu des rapaces nocturnes : ce sont la *chevêche*, la *surnie chevêchette* et l'*effraie*.

Fig. 108. — CHEVÊCHE COMMUNE.

La chevêche fixe sa demeure dans les clochers, les ruines, les hautes cheminées des vieilles maisons, ne craignant pas, surtout en automne, de s'approcher des habitations de l'homme, où elle trouve abondamment les mammifères rongeurs dont elle fait sa nourriture. Elle niche volontiers dans les trous des murs des granges, où elle trouve à la fois le vivre et le couvert.

La *surnie chevêchette* est une petite chouette grosse à peine comme une pie-grièche. Elle a bien les mœurs de la famille et son manteau brun pointillé de blanc; mais ses flancs rayés, son ventre blanc lui donnent une physionomie particulière. On la rencontre sur les arbres fruitiers des champs et elle a la singulière habitude de faire route avec le voyageur, volant à quelques pas en avant de lui, le long des chemins, et l'appelant d'arbre en arbre par un cri plaintif. On dirait qu'elle veut l'amener dans un endroit inconnu, qu'elle l'engage à prendre courage; et j'ai connu plus d'un piéton qui, au bout de dix minutes de ce manége, prenait la fuite, effaré, hors de lui, au grand étonnement et effroi de la petite bête, qui, poussant un cri d'adieu, disparaissait à son tour dans la haie ou parmi les branches basses d'un pommier...

Fig. 109. — SURNIE CHEVÊCHETTE.

L'*effraie commune* n'a pas d'aigrettes, et la collerette de son disque est si complète qu'elle se rejoint sous le bec. Au lieu de fuir, comme la *nyctale,* les habitations de l'homme pour les grands bois retirés, celle-ci aime les maisons, les cours, les villages et

Fig. 110. — EFFRAIE COMMUNE.

ne va au bois que très-accidentellement. C'est une des espèces les plus communes: elle vit dans les tours, les clochers, les grands greniers. Elle a une tête énorme et une figure toute spéciale, l'œil brun, le dos roux glacé de gris, avec un pointillé noir et blanc. Le ventre, au contraire, est blanc ou fauve tacheté de brun.

Commune partout, l'effraie, avec son cri triste, rauque, voilé comme une voix qui s'enroue, est considéré par le vulgaire, ainsi que tous les oiseaux de nuit, comme du plus mauvais augure. Si elle se perche sur une maison, c'est signe de mort ou de maladie pour un de ses habitants; en tout cas c'est pronostic de malheur! Quand un malade est en danger, l'oiseau fatal vient heurter de l'aile à sa croisée ou, perché sur le rebord, pousser ses gémissements funèbres.

« — Jamais, ajoutent les bonnes femmes, au grand jamais, nous n'avions vu, avant cette nuit terrible, d'effraie dans le pays! »

Jamais, à vrai dire, elles ne l'avaient remarquée, car de tous nos rapaces nocturnes c'est celui qui se cantonne le mieux: si elle est ici aujourd'hui, elle y était hier et le jour d'avant.

Mais allez donc faire comprendre cela aux gens affolés!

Le paysan sort, arme son vieux fusil, la pauvre effraie tombe morte, et demain, on la clouera sur la porte de la grange! Cela la punira d'avoir prédit que grand'père est mort...

Hélas! hélas! l'effraie — bien innocente des sinistres pronostics qu'on lui impute — est peut-être de tous les rapaces nocturnes le plus utile à l'homme, par la raison qu'il est familier et purge les champs, les jardins et le voisinage des habitations d'une foule de petits mammifères parasites dont il fait sa principale nourriture.

M. Giebel prétend que celui qui tue une effraie devrait être condamné à donner 1 thaler par semaine pour les pauvres pendant toute l'année, et cela ne compenserait pas la consommation en grain par les souris. Il est certain que l'effraie mange les rats et souris des maisons, et quelquefois les rats d'eau, de préférence à toute autre chose. Il n'est besoin que de la mettre en cage avec ces animaux nuisibles ou la musaraigne si utile, et on verra qu'elle mange les premiers et épargne la dernière, à moins qu'elle ne soit poussée par une grande faim. Comme l'effraie recherche, en thèse générale, le voisinage de l'homme parce qu'elle y trouve plus abondamment les animaux dont elle se nourrit, il n'est besoin que de ne pas la détruire ni la tourmenter, pour obtenir qu'elle nous serve de tout son pouvoir.

QUATRIÈME PARTIE

OISEAUX DES RIVIÈRES

QUATRIÈME PARTIE.

OISEAUX DES RIVIÈRES.

CHAP. XI. — OISEAUX DE MARAIS.

Bécassine.
Sizerin boréal.
Mésange nonnette.
— remis.

CHAP. XII. — OISEAUX DES RIVAGES.

Verdier.
Tarin.
Bruant des roseaux.
Bergeronnette printanière.
Hoche-Queue grise.
— boarule.
Cincle.
Gorge-Bleue.
Rousserolle turdoïde.
— effarvate.
Verderolle.
Lusciniole.
Bouscarle cetti.
Phragmite des joncs ou grasset.
— aquatique.
Troglodyte.
Martin-Pêcheur.
Corbeau.
Casse-Noix.
Pluvier doré.
Vanneau huppé.
Huitrier pie.
Tourne-Pierre.
Barge commune.
Chevalier gambette.
Poule d'eau.
Râle d'eau.
Grue cendrée.
Cigogne.
Héron.

CHAP. XIII. — OISEAUX DES GRANDES EAUX.

Pygargue.
Balbuzard fluviatile.
Aigle de mer.
Oie sauvage.
— rieuse.
Bernache cravant.
Cygne sauvage.
Canard souchet.
Canard sauvage.
— eider.
Grèbe.
Goëland à manteau noir ou goëland marin.
— à manteau bleu.
— cendré.
Monette rieuse.

CHAPITRE XI.

OISEAUX DE MARAIS.

Par *oiseaux de marais,* nous ne voulons pas entendre les espèces spéciales, à longues jambes ou à pieds palmés, qui constituent, pour le plus grand nombre des observateurs, les seuls *oiseaux d'eau.* Nous y réunissons nombre d'autres espèces appartenant à des genres bien différents, mais qui recherchent les endroits humides, couverts d'eau, remplis de joncs, de saules et de roseaux, et s'y nourrissent, non-seulement sur l'eau, mais autour d'elle, sur les plantes voisines, ou sur les terres simplement humides.

Notre classification, nous le savons, ne jouit d'aucune rigueur savante, mais elle est suffisante pour que le lecteur *non naturaliste* s'y reconnaisse. A ce point de vue elle nous satisfait.

Si notre lecteur bénévole veut apprendre quel service il peut attendre, quel méfait il doit craindre des hôtes de ces prairies humides ou des bords de sa rivière et de son étang, il saura bien comprendre pourquoi nous les avons réunis dans la présente division, et ne confondra point les uns avec les autres.

Le *sizerin*, ami des saules et des mottes de gazon humide, ne lui semblera pas confondu avec le *héron* qui s'envole, tout auprès, du milieu des roseaux, parce qu'ils sont rapprochés, par leur habitat, les uns des autres... c'est ce qu'il nous faut !

Les véritables *oiseaux de marais*, — ainsi que ceux que l'on peut ranger sous le titre d'*oiseaux de rivage* (voy. 11), — sont presque entièrement compris dans l'*ordre des échassiers*, ces curieux animaux qui, malgré la diversité de proportions de leurs membres suivant les espèces, portent cependant un cachet spécial, une sorte de physionomie typique qui les fait aisément reconnaître. On pourrait peut-être la définir en remarquant que chez ces intéressants oiseaux la longueur du cou et du bec est proportionnée à celle des jambes, de façon qu'ils puissent recueillir sur le sol, dans la terre ou sous la vase, les substances dont ils se nourrissent, sans *fléchir leurs jambes*. Tel est le vrai caractère physiologique de cet ordre.

Parmi ces oiseaux, les uns sont organisés pour courir et voler rapidement, les autres pour la course seule, ceux-ci pour un vol puissant et soutenu, ces derniers pour la nage... En un mot, peu d'ensembles sont plus homogènes et cependant aussi diversifiés.

La plupart des échassiers habitent les bords des eaux, les plaines basses et marécageuses ; mais un certain nombre se plaisent, — par une heureuse et évidente adaptation naturelle du type échassier à toutes les circonstances extérieures — sur les terrains les plus arides, les plus secs ou les plus improductifs. Il est certain que, de même que le *type échassier* doit contenir tous les autres types adaptés

Fig. 111. — BÉCASSINE.

à lui, le type granivore, le type nageur, etc., de même, dans tous les autres groupes naturels, le type échassier doit être représenté : un parmi les grimpeurs, un parmi les palmipèdes, etc.; c'est ce qui a lieu.

En général, les insectes, les vers, les mollusques, rarement les grains, forment le fond de la nourriture de tous les échassiers. A ce point de vue, ils sont utiles aux cultivateurs en général, et aux jardiniers en premier lieu par les applications en domesticité que celui-ci peut en faire.

Utile par sa nourriture composée de larves et de vers, recherchée pour sa chair délicate, la *bécassine* et ses variétés est certainement l'un des ornements de nos marais. Elle n'a qu'un défaut, celui de donner du fil à retordre au chasseur.

Avant de passer en revue ces privilégiés, disons quelques mots des oiseaux, d'ordres différents, cependant amis des eaux ou de leurs bords.

Parmi les oiseax de proie (voy. V), nous verrons plus loin un certain nombres d'espèces vouées à la destruction des oiseaux d'eau, des poissons et des batraciens. On peut dire, au point de vue général des besoins de l'homme, que ces oiseaux rapaces sont de véritables ennemis, pillant effrontément les réserves de poissons et décimant les bandes de palmipèdes utiles.

Il en sera de même des *martins-pêcheurs*, ennemis les plus terribles des établissements de pisciculture, où ils dévastent les réserves de jeunes alevins salmonidés.

Nous trouvons, dans les endroits humides, peu de corvidés : les *corbeaux*, *corneilles*, *pies*, *geais*, n'aiment pas cette terre fangeuse : les *pies-grièches* ne viennent dans les saules que pour y donner la chasse à la tribu aimable des *fauvettes* : ce sont encore des ennemis ; mais, à leur suite, nous rencontrerons les *étourneaux*, qui recherchent les prairies humides et y poursuivent leur office de mangeurs de vers et d'insectes. A ce titre, ceux-ci se montrent

Fig. 112. — SEZERIN BORÉAL.

les utiles auxiliaires, dont nous avons déjà parlé (II, 5) parmi les *hôtes des sillons* dans les *Oiseaux des champs*.

Les *passereaux* nous offrent l'intéressant exemple d'un petit oiseau particulièrement ami des endroits humides. C'est le *sizerin boréal*, un très-proche parent du *cabaret*, ce joli petit chanteur que tant de personnes se réjouissent de garder en cage. Le boréal, lui, est un habitant décidé des vallées humides et des endroits marécageux; mais il n'y arrive que par migrations espacées et irrégulières. Le cabaret descend chez nous tous les ans, à l'automne, venant des contrées du cercle arctique, où il retourne chaque printemps ; le boréal, au contraire, quitte les mêmes lieux tous les quatre, cinq ou six ans, tantôt en grand nombre, tantôt en petites troupes. Pourquoi? Nul ne le sait.

Il a le front rouge sang, le croupion blanc, nuancé de rose tendre, deux bandes obliques blanches sur les ailes, le dos brun, le ventre moucheté et la gorge noire. Au demeurant, un charmant petit oiseau à bec brun, à œil brun et à pieds noirs.

La *nonnette*, ou *mésange des marais*, est très-commune en France et se distingue de la mésange petite charbonnière, dont elle a à peu près la robe, par le petit capuchon noir qui couvre sa tête et qui lui a valu son nom; elle fréquente les bords des rivières couverts de saules et les taillis humides qui entourent les étangs et les marais. Sa vie et ses habitudes sont semblables à celles des autres mésanges, mais son nid est différent. Il a la forme d'une coupe et est composé presque exclusivement de poils. L'oiseau le place, d'ailleurs, à terre et souvent sous une racine d'arbre.

La *mésange rémiz* ou *penduline*, rare dans le Nord, mais commune dans le Midi de la France, est un petit oiseau qui n'a rien de remarquable comme plumage; son bec mince, effilé, aigu, rappelle celui du troglodyte, et sa queue longue, peu échancrée, a quelque chose de celle de la lavandière. La tête et le cou sont blancs, avec l'espace entre l'œil et le bec noir, ainsi que le collier. Le dos est roux, plus foncé que le ventre; les ailes sont noires, bordées de jaunâtre. Œil jaune, pieds gris rouge, bec presque noir. La femelle est un oiseau roussâtre qui frappe encore moins les regards, car toutes ses couleurs sont plus ternes; les jeunes n'ont pas de noir au front.

La mésange rémiz est presque un oiseau d'Italie, et c'est là surtout qu'elle construit son remarquable nid avec les matériaux qui lui conviennent de tout point. On la trouve, en été, en assez grand nombre dans l'Hérault, et elle est de passage en Provence. On ne la rencontre que très-accidentellement dans nos autres départements, surtout au nord de la Loire. Le département de la Drôme paraît être le seul où elle se reproduise aisément. Elle habite le long des étangs, au bord des fleuves comme le Rhône, dans les parties couvertes d'osier, de saules, de roseaux. C'est à ces arbres, ainsi qu'aux branches du peuplier ou de l'orme, qu'elle suspend son nid, certainement l'une des merveilles de nos oiseaux d'Europe.

Ce nid, formé de la bourre de la massette aquatique, des duvets des fruits du saule, du peuplier, du tremble, des aigrettes de chardons, en un mot, de *duvet végétal*, est *tissé* au moyen d'une espèce d'herbe jaune très-fine (Italie), ou au moyen de la filasse du chanvre et de l'ortie (France). Ce tissu est si remarquablement régulier qu'il ressemble à certaines étoffes ou canevas en gros fil, garnis d'un feutre de l'autre côté. Sa forme est celle d'une cornemuse, d'une besace. L'intérieur du nid, fort gros, car il a bien 15 centimètres de long sur 20 centimètres de haut, est rempli de duvet végétal en boules et de quelques plumes. La femelle y pond quatre ou six œufs blancs, tachetés de roux suivant les uns, blancs d'ivoire selon les autres.

Nous avons vu un nid de penduline à deux ouvertures, formant une espèce de berceau en bourse, fixé le long d'une branche flexible, et présentant ainsi l'aspect d'un panier suspendu. Le tissu de ce nid le rend tellement reconnaissable qu'il n'y a pas à douter de sa provenance; mais pourquoi la rémiz lui avait-elle donné cette forme anormale? C'est ce qu'il n'est pas facile de savoir. D'après M. de Tarragnon, ce serait le nid d'un jeune, et cela ne nous semble pas improbable.

La penduline est trop défiante et trop rusée pour se laisser prendre au piége: aussi ne sait-on pas si elle vivrait en captivité. Cela n'est pas probable, car la forme de son bec indique un oiseau absolument insectivore. On dit cependant qu'elle ne dédaigne point certaines graines aquat. Diquese nouvelles observations seraient fort désirables sur cet ingénieux petit architecte.

CHAPITRE XII.

OISEAUX DE RIVAGES.

N'est-il pas naturel de compter, au premier rang des oiseaux de rivage, toute cette phalange charmante de chanteurs qui peuplent les branches des saules, des aulnes et qui parcourent les longues tiges des joncs que balance la brise? Nous ne pouvons dire qu'un mot de ces sylvies, de ces fauvettes si gaies, si remuantes, picorant les moucherons, chassant les insectes, chantant à gorge déployée et construisant ces nids merveilleux dont l'architecture confond l'imagination.

Le *verdier*, que nous avons vu (I, 2) sur la lisière des taillis, recherche, pendant l'été, les lieux bas et humides, les bords ombragés des rivières. Nous signalons ses dégâts (III, 8).

Le *tarin*, lui, vit volontiers dans les aulnes, dont il mange les bourgeons durant la saison rigoureuse.

Quant au *bruant des roseaux*, on peut le nommer l'*ortolan du rivage*, car sa chair ne le cède en rien à celle du véritable bijou des gourmets. Insectivore surtout, ce bruant vit au milieu des roseaux et y fait son nid; mais à l'automne il se réunit en petites bandes, probablement composées d'une ou deux familles, va picorer dans les champs et se rassemble le soir sur les roseaux de l'étang ou des marais voisins. Là, après avoir caqueté quelque temps, comme les moineaux avant de dormir, il se gîte d'un seul coup dans les herbes épaisses du sol, parmi les roseaux et même sous leurs racines.

Fig. 113. — TARIN.

Une espèce voisine de celle-ci pousse un cri qui imite parfaitement le coassement de la grenouille.

Ce n'est pas tout encore, car le type *alouette* se rencontre également au bord des eaux douces et salées : pour les premières, c'est le *pipi spioncelle,* et pour les secondes, le *pipi obscur* (voy. II, 5.)

Nous serions incomplet si nous ne portions pas ici le nom des *bergeronnettes printanière* et *jaune,* qui se promènent quelquefois sur les rivages; puis celui de la *hoche-queue grise*, qui ne quitte guère le bord de l'eau, et surtout celui de la *hoche-queue boarule*, qui ne s'en éloigne jamais (voy. II, 5). Ce dernier petit oiseau au manteau gris olive, au croupion jaune verdâtre, avec la gorge noire et la poitrine jaune vif, est aussi peu sociable que la hoche-queue grise l'est beancoup.

Les bergeronnettes grises aiment à s'assembler par troupes, le soir, surtout à l'automne, et à jaser

Fig. 114. — PIPI.

comme les hirondelles, comme les bruants et les moineaux. La *boarule* vit seule. La rencontre de deux individus est l'occasion d'un combat acharné.

Tous ces oiseaux sont exclusivement adonnés à la recherche des insectes de toute nature, des vers et des larves ; aussi devons-nous les considérer comme des auxiliaires bénis, que nous serions sages de défendre, de conserver, au lieu d'en laisser faire des massacres, ainsi qu'on le pratique chaque mois de novembre, non-seulement avec les filets dans les environs de Lille, mais — depuis que la loi sur la chasse le défend — dans toute la Belgique.

Maigre rôti, au demeurant!!

Fig. 115. — BOARULE.

Ici doit se placer l'un des plus curieux oiseaux de notre pays, le *cincle* ou *merle d'eau*, l'*aguassière* de certains endroits, cet animal qui entre dans l'eau en marchant, sans discontinuité, du bord sur le fond de la rivière, absolument comme s'il ne changeait pas d'élément! C'est pour chercher sa nourriture que le cincle descend ainsi dans l'eau et marche au fond, les ailes un peu écartées du corps, en remontant le plus souvent le fil de l'eau et restant submergé pendant une minute !

Doux, timide, ami des solitudes de la montagne et des torrents à eau claire et à fond graveleux, le

Fig. 116. — GORGE-BLEUE SUÉDOISE.

petit cincle, au plumage noir et brun, n'est ni utile, ni nuisible à l'homme. Il n'est qu'intéressant.

C'est surtout dans les terrains marécageux, dans les prés humides, le long des cours d'eau couverts de broussailles, d'oseraies et de roseaux, que nous rencontrerons la *gorge-bleue,* encore un de ces moules réduits du type *merle* que nous sommes obligés de placer à côté du *rouge-gorge* et du *rouge-queue*. Tous ces oiseaux-là ne sont point des fauvettes! Leur bec, leurs pattes, leur démarche à terre, laquelle ne se compose point de sauts, mais de pas, leur habitude de descendre sur le sol pour chercher au pied des buissons et des herbes les insectes et les vers dont ils font leur nourriture, tout rapproche les gorge-bleues des rouge-gorges. Comme ces derniers, ils voyagent isolément, jamais en groupes ni en familles. Ils ont aussi peu crainte de l'homme que Jean Rouge-gorge. On les reconnaît facilement à leur cou bleu avec une tache blanche au milieu de cette belle nuance.

Il nous faut maintenant décrire les membres de cette nombreuse phalange de petits insectivores, habitants des roseaux et passant leur vie à en escalader adroitement les tiges flexibles et les feuilles ondoyantes. On les a, dès longtemps, appelés *fauvettes des roseaux*, à cause de leur forme générale et surtout de leurs chants, qui ne sont cependant d'habitude ni aussi doux ni aussi cadencés que ceux des vrais sylviens. En général, on les reconnaît à leur tête déprimée, comme aplatie en dessus, à leur bec fort et surtout à leur ongle du pouce grand et robuste, tel qu'il était utile à des animaux gymnastisant toute la journée et devant posséder une bonne poigne pour embrasser solidement les tiges glissantes et flexibles sur lesquelles ils chassent.

La nourriture des oiseaux dont nous parlons est exclusivement animale et composée d'insectes à

Fig. 117. — ROUSSEROLLE TURDOÏDE.

élytres, de mouches, de vers, de tipules et de très-petits mollusques, qu'ils cherchent au bord de l'eau ou parmi les racines déchaussées des joncs. Rarement ils attaquent quelques baies.

La *rousserole turdoïde* se distingue de l'*effar-*

vatte, — autre rousserolle dont nous parlerons tout à l'heure, — par son croupion blanc jaunâtre en dessous. C'est vers le milieu d'avril qu'elle arrive dans le nord de la France pour repartir à la fin d'août, et, pendant tout son séjour, elle se tient dans les marais et aux bords boisés des eaux. Son nid, artistement construit et profond, est fixé à plusieurs tiges au moyen de liens formés par des herbes de marais. Pendant la saison des amours, le mâle, accroché à une tige de jonc et de roseau, chante tout le jour: il est alors peu farouche ou se laisse approcher. Si on l'effraie, il disparaît au milieu des plantes et reparaît presque aussitôt au sommet d'une tige d'herbe ou d'une quenouille de roseau pour répéter sa chanson : *Cri, cri, cra, cra, cara, cara!*

Après la nichée, il devient muet.

L'*effarvatte* ressemble beaucoup à la turdoïde, tant par la forme et la couleur que par les habitudes. Elle arrive au même moment, repart avec elle. Son nid est aussi admirable et elle l'établit aux mêmes endroits. On la trouve sur les bords des rivières, des marais couverts de joncs et de roseaux, dans les jardins. Elle se montre rarement à découvert, et se tient presque toujours cachée parmi les herbes, les grands roseaux, au pied desquels elle cherche sa nourriture. Dès son arrivée, le mâle fait entendre sont chant, qui consiste dans les syllabes: *tron, tron, trui, trui, kiri, kiri, haups, haups*, répétées à des intervalles à peu près égaux, mais avec des modulations différentes.

La *verderolle* est encore une *rousserolle* des

Fig. 118. — ROUSSEROLLE EFFARVATTE.

mêmes parages et qui ressemble beaucoup aux deux précédentes. Elle niche sur les bords des rivières, sur les branches basses des saules, des ormes, des buissons ou dans les hautes herbes des prairies, dans les seigles, les chenevières. Son nid, artistement construit et profond, n'est composé, à l'extérieur comme à l'intérieur, que de brins d'herbes sèches bien souples.

Indépendamment de son chant naturel, la verderolle a la faculté de s'approprier celui des autres oiseaux et d'en composer un ramage des plus variés et des plus agréables. D'après l'abbé Caire, cette espèce chante admirablement : elle contrefait, à s'y méprendre, le chardonneret, le pinson, le merle, et généralement tous les oiseaux qui fréquentent les mêmes lieux qu'elle. Son chant est plus riche en reprises que celui du rossignol, et il est si varié qu'on l'écouterait, sans languir, du matin au soir.

La verderolle ne fréquente pas exclusivement les endroits marécageux; on la trouve également le long des champs ensemencés situés loin des eaux. Dans les Alpes suisses et françaises, elle fréquente les prairies élevées et ne niche jamais, d'après l'abbé Caire, que sur les plantes à $0^{m},15$ ou $0^{m},20$ du sol.

Toutes les fauvettes de roseaux sont paresseuses à prendre leur vol, ce qui tient au peu de développement relatif de leurs ailes et probablement aussi à l'habitude qu'elles ont de grimper plutôt que de voler. Il faut faire les mêmes remarques à propos de la *lusciniole*, encore une espèce de la France, mais plus particulièrement du midi.

Cet oiseau, plus gros que les pouillots, a la gorge dilatable comme le rossignol; quand il chante il la gonfle, et son chant est plus harmonieux que le sifflement des pipis. Il forme évidemment le passage — comme taille, port, bec plus gros — entre les *fauvettes des roseaux* et les *pipis*.

Son nid, en coupe profonde, formé de feuilles et d'herbes sèches, est attaché à 0m,50 de terre. La lusciniole aime les marais et cours d'eau dont les bords sont couverts de joncs, de roseaux, de hautes herbes, de tamaris et de saules. Elle grimpe avec une grande agilité, n'a pas un vol bien étendu et ne monte jamais haut dans les arbres. Elle relève constamment la queue en en écartant les pennes, comme la *bouscarle cetti*. Elle est aussi, comme cette espèce, si peu farouche et tellement paresseuse à voler, qu'on a quelquefois de la difficulté à la faire partir du buisson ou du massif de roseaux qui la recèle. Les chiens surtout ne paraissent pas lui inspirer beaucoup de crainte. Sa nourriture, qu'elle cherche au pied des roseaux et des arbustes, consiste en insectes, vers et petits mollusques fluviatiles.

Les *bouscarles* vivent sur les bords très-boisés des rivières, des lacs, ou sur ceux grandement couverts de roseaux, au milieu desquels elles se tiennent presque constamment cachées. Elles grimpent habituellement le long des tiges des arbustes ou des plantes aquatiques, volent très-mal, sont paresseuses à prendre leur essor, se nourrissent d'insectes et de petits colimaçons qu'elles cherchent au pied des buissons, des roseaux ou des herbes aquatiques.

Parmi elles, la *cetti* est très-commune, surtout en hiver, dans nos provinces méridionales. Elle vit,

Fig. 119. — BOUSCARLE CETTI.

comme toutes les grosses fauvettes dont nous venons de parler, dans le voisinage des eaux. « Presque constamment, dit M. Z. Gerbe, elle demeure cachée dans l'épaisseur des buissons, les parcourt en divers sens, grimpe le long des tiges, y est, en un mot, dans une activité continuelle. Si elle se met en évidence, ce n'est, on peut le dire, que passagèrement, et lorsque surtout elle va abandonner une touffe pour se porter dans une autre. Son chant est doux, sonore, éclatant, saccadé, brisé, de peu d'étendue et fort peu varié. Elle le fait entendre durant toute l'année. Sa nourriture consiste en divers insectes ailés, en vers et en larves qu'elle rencontre dans le voisinage des eaux. Elle a l'habitude, en grimpant ou sautant de branche en branche ou sur le sol, de relever brusquement la queue, qui s'étale alors un peu, et de détendre un peu les ailes. »

Suivant La Marmora, Savi et le prince Ch. Bonaparte, elle serait sédentaire. Nous avons la certitude, au contraire, qu'elle émigre et qu'elle suit successivement le cours des fleuves; qu'à certaines époques de l'année, principalement en novembre et décembre, elle se montre là où, soit en avant, soit après ces époques, on la chercherait en vain, et qu'alors aussi elle se trouve en plus grand nombre dans les lieux qu'elle habite ordinairement.

A la suite, nous placerons les *phragmites*, encore une dégénérescence du type *fauvette* dont nous nous éloignons de plus en plus. A notre point de vue utilitaire, ces petits oiseaux demeurent aussi précieux que les précédents; quoique moins exclusivement insectivores, ils se nourrissent de temps en temps de graines des plantes aquatiques. Or ces graines ne présentant aucune importance pour nous, nous n'avons aucun intérêt à leur en disputer la paisible possession.

Ces derniers petits oiseaux ne suspendent déjà plus leur nid aux roseaux, pas plus qu'aux tiges flexibles des osiers : ils l'établissent sur une large base, sur une touffe d'herbe, une souche d'arbre, au haut d'un têtard ; il est peu profond et mal fait.

Le *phragmite des joncs* s'appelle *grasset* dans le midi, et, à l'automne, on le trouve si gras qu'il peut à peine voler dans les prairies, les luzernes ou les champs de pommes de terre. C'est un délicieux manger, mais il vaut mieux le laisser vivre, car l'agriculture a plus besoin d'aides et de défenseurs que l'agriculteur de chair pour se nourrir. De plus gros animaux doivent lui en fournir une plus économique de toutes les façons.

On reconnaît le *phragmite des joncs* à ses sourcils blancs, à sa calotte noirâtre, tandis que le *phragmite aquatique*, son cousin germain, porte deux raies sur la tête et des sourcils jaunâtres. De plus, il a le croupion taché de foncé. Tous deux ont la même manière de vivre au bord de l'eau.

Que dire du petit *troglodyte?*

Qu'il est un ami ; laissez-le passer !

Au bord d'un chemin écarté s'élève une meule de sarments de vigne, un noyer verdoyant l'ombrage ; à 1m,30, un nid de troglodyte est attaché entre les

Fig. 120. — TROGLODYTE.

brins de sarments. L'ouverture est tournée un peu obliquement vers la route ; le nid est fait de feuilles minces et plates, d'herbes fanées entrelacées aux ramilles sèches.

Le tout paraît gros comme le poing, pas plus ; l'ouverture est à mi-hauteur du nid, qui est un peu ovale dans le sens perpendiculaire.

Le père arrive tenant un ver au bec ; il se pose sur une perche de châtaignier d'un atelier de cercles voisin, et là, me regardant, il entonne sa grande chanson, se dandinant au soleil qui dore son dos et sa petite queue relevée, tandis que, pendant ses trilles, son bec vibre et brille en l'air.

Quel est ce trait d'azur et de feu qui passe !

C'est le *martin-pêcheur*. Triste, solitaire, morose, comme il convient au *héron des passereaux*, le martin demeure des heures entières perché sur sa branche morte ou sur le pieu qui émerge de l'eau. On rencontre peu d'oiseaux aussi mal faits, et tous les martins le sont également ; tous ont un *facies héronien* qui ne les fait jamais confondre avec d'autres oiseaux. En France nous ne possédons que le *martin-pêcheur vulgaire*, mais les autres pays en renferment beaucoup d'autres, tel que le *martin-chasseur*, le *martin-triste*, cet utile oiseau, mangeur déterminé de sauterelles et que le gouvernement fait tous ses efforts pour acclimater en Algérie, afin de venir en aide aux malheureuses populations affamées par ce redoutable fléau.

Chez le *martin-pêcheur* la tête est grosse, le bec fort à quatre facettes, le corps épais et ramassé, la queue trop courte, les pattes trop basses, et, malgré cela, son plumage est chargé de si belles couleurs

Fig. 121. — MARTIN-PÊCHEUR.

qu'on le regarde passer comme un bijou qui roule sous le souffle du vent.

Il est bleu d'azur sur le dos; il a la gorge blanche, la gorge rouille, le bec rouge et brun. Son vol bas est brusque et rapide, son chant un cri aigu. Il ne fréquente pas seulement les bords des eaux douces de notre pays, on le trouve aussi sur le bord nu de la mer. Je l'ai vu, sur les côtes de Bretagne, perché sur les roches couvertes de goëmons ; il volait jusque sur les roches isolées et y poursuivait ses pareils en poussant des cris aigus. Je l'ai retrouvé également dans la rivière de Quimper, qui est de l'eau de mer remontante. Il pêche d'ailleurs aussi bien en eau salée qu'en eau douce.

En somme, ce bel oiseau est un ennemi !

Un ennemi des repeuplements de l'eau par l'homme ; un fléau pour les pisciculteurs, un rapace des petits poissons et surtout des meilleures espèces, qu'il ose — car il est hardi comme un rat ! — aller voler jusque dans les endroits fermés. L'année dernière, dans un établissement modèle de pisciculture, dirigé à Chantilly, sur mes indications, par M. l'inspecteur des forêts Clavé, les martins-pêcheurs vinrent décimer nos truites jusque sous le toit de genêt qui protégeait le fossé d'éclosion. Quelques fenêtres avaient été ménagées entre le clayonnage ; ils entraient par là comme des flèches, et, une fois dans la place, décimaient ses habitants à loisir.

La quantité de poissons consommés par un seul de ces oiseaux est presque incroyable. Nous penserions, après vérification, qu'elle n'est pas de moins de 180 grammes par jour ; il ne peuvent vivre vingt-quatre heures sans nourriture, tant ils digèrent vite. Ce doit être la seule raison qui fait émigrer les martins vers la mer à l'approche de la mauvaise saison, esclave qu'ils sont de leur voracité.

A mort donc, le martin-pêcheur!

Malheureusement il est difficile à joindre, difficile à tuer et vit presque toujours isolé.

Les *corbeaux*, dont nous avons parlé aux *oiseaux des champs* (voy. II, 5), ne dédaignent pas de fréquenter les eaux douces et salées pour y chercher leur nourriture. Au mois d'août 1866, nous les avons vus, sur les côtes de Bretagne, planer et s'arrêter sur les roches isolées de la plage. En octobre de la même année, nous en avons aperçu plusieurs planant et pêchant dans le Rhin. Ils ne se posent pas sur l'eau, ils ne font que d'y tremper leurs pattes, sans doute pour ramasser de petits poissons morts ou des insectes...

Quittons un instant les arbustes et les végétaux élevés, baissons les yeux vers le fouillis si vert, si frais, des plantes aquatiques submergées; nous verrons à leur surface courir la *poule d'eau*, le *râle d'eau* et ses nombreuses variétés jusqu'au petit *baillon moucheté*, qui n'est pas plus gros qu'une alouette.

Le *pluvier doré* vit très-bien dans les jardins : il cherche les vers et les limaçons et, par conséquent, est un des plus jolis oiseaux que le jardinier puisse apprivoiser pour s'en faire un aide assidu. Pendant l'hiver, on le nourrit de vin, de pain et de petits morceaux de viande cuite.

Le *vanneau huppé* se comporte de la même manière et rend les mêmes services : rien n'est joli

Fig. 122. — PLUVIER DORÉ.

comme la démarche gracieuse, légère de cet oiseau quand il arpente les carrés d'un jardin et retourne les feuilles des légumes pour y trouver les limaces et les vers dont il est très-friand.

Le vanneau est un bel oiseau à manteau vert et à plastron noir ainsi que la tête, avec le ventre blanc et une tache de même couleur sur le coude de chaque aile. Le cri habituel du vanneau peut se représenter par : *crrî, crê, crê, crêêê.*

Quand ces oiseaux se battent, ils prennent la position du *combattant*, bec à bec, la tête basse et se

Fig. 123. — VANNEAU HUPPÉ.

piquent du bec au cou et sur la tête. Ils font entendre alors le cri : *crii, î, î, bê.*

L'*huîtrier-pie* est encore un *échassier coureur*, dont les jardiniers auraient tort de négliger les services. Remarquable par sa robe blanche et noire, ses yeux et ses pieds rouges, par son robuste bec de même couleur, il ne l'est pas moins par l'ardeur infatigable qu'il met à courir sus aux ennemis des jardins. En captivité, avec les plumes d'une aile arrachées, il devient promptement assez familier pour prendre le pain dans la main de la personne qui le nourrit. Sa démarche est tantôt compassée, tantôt remplacée par une course à très-grande vitesse, et son seul défaut consiste dans les cris retentissants

Fig. 124. — HUITRIER-PIE.

qu'il n'est que trop disposé à faire entendre. Sa taille est celle du *vanneau*, c'est-à-dire à peu près celle de la *pie*.

N'oublions pas, dans cette intéressante famille, le *tourne-pierres*, un chercheur assidu de limaçons et de tous autres animaux analogues : il vit également bien dans les jardins et s'y rend vite privé au dernier point. Sa robe n'est pas moins originale que celle de l'huîtrier. Sa tête et son cou sont blancs, son front rayé de noir; son dos est roux et, sous la poitrine, il porte un large plastron noir surmonté

Fig. 125. — TOURNE-PIERRES.

d'un collier blanc. Monté sur ses pieds jaunes, il secoue sa queue blanche et pioche de son bec corné toutes les pierres qu'il rencontre pour les retourner et faire, dessous, sa moisson.

Nous recommanderions bien encore la *barge commune* avec son grand bec si convenable pour fouiller le dessous des feuilles et la terre humide; mais toutes celles que l'on prend meurent à l'hiver parce que l'on ne connaît pas encore la nourriture qui leur est convenable pendant la dure saison. Cependant les jardiniers de Douai et de Cambrai en mettent dans leurs jardins, parce qu'on capture tous les ans un assez grand nombre de ces oiseaux dans les environs. On a soin de leur couper une aile au-dessus

Fig. 126. — CHEVALIER GAMBETTE.

du *fouet*, et on les garde aisément toute la belle saison.

En compagnie des *combattants*, des *vanneaux* et des *pluviers dorés*, on peu très-bien garder dans les jardins un autre échassier coureur qui y rend les mêmes services et qui tranche au milieu d'eux par son plumage roussâtre. Il a les pieds, ainsi que le bout du bec, rouges, le ventre blanc tacheté de brun et les ailes rayées de blanc et de noir. Comme tous ses congénères, le *chevalier gambette* se nourrit de vermisseaux, d'insectes et de petits crustacés : il est l'un des moins défiants et l'un des plus sociaux, vivant avec toutes les autres espèces en bonne intelligence et aimant même à les appeler par un sifflement. On tient tous ces oiseaux renfermés pendant l'hiver, nourris comme nous l'avons indiqué plus haut et ayant soin de leur donner beaucoup d'eau, parce qu'ils boivent souvent et aiment à se baigner; ce traitement les maintient en bonne santé.

M. le Dr Sauvé nous signale un fait très-remarquable de l'équilibre que la présence des oiseaux peut maintenir dans les récoltes les plus rustiques de l'homme. Pendant l'hiver 1869, les prés salés et toutes les prairies de la baie de l'Aiguillon — 40 lieues carrées de terre d'alluvion — sont dévorés par les larves des tipules s'attaquant de préférence aux légumineuses. L'habile observateur a constaté qu'autrefois la chasse des oiseaux de rivage avait lieu d'une manière raisonnable, mais qu'aujourd'hui elle a lieu en tout temps, de toutes manières; on les pêche au filet, on les tue au fusil.... et les larves dévorent tout, car ces utiles oiseaux ne vivaient que de ces proies. On détruit même ces pauvres animaux pendant qu'ils couvent, en se promenant — en mars — dans les prés avec un chien; hélas! ils ne se sauvent point et veulent défendre leur progéniture... l'homme, alors, les fusille à son aise!

Ainsi les *étourneaux*, les *vanneaux* — les meilleurs destructeurs de tous — les *pluviers*, les *mouettes*, les *chevaliers* de toute espèce, les *canards*, etc., seront bientôt un mythe dans ce pays qui était leur terre de promission.

Nous pouvons encore emprunter un aide à une famille toute voisine de la précédente, celle des *échassiers à longs doigts* ou *macrodactyles*, c'est a *poule d'eau* commune. Tout le monde connaît son plumage noir mat, chaque plume semblant teinte avec de l'encre; son bec surmonté d'une plaque cornée au milieu du front, avec la pointe rouge et la base jaune. Ses pieds sont verdâtres avec un cercle rouge au haut de la jambe, l'œil est également rouge; sa démarche est celle d'une jeune poulette. La nourriture de cet oiseau consiste en insectes, vers, herbes et graines aquatiques; cependant il vit très-bien, avec l'aileron amputé, dans les jardins clos de murs, et se contente de tout ce qu'on lui donne, pain, blé, poisson, viande. Seulement il grimpe avec une telle facilité et volète si adroitement qu'il sait souvent s'échapper. S'il y a des arbres adossés aux murs, y faire attention. Son nid est plat, formé de roseaux, lâche et mal fait. Il mesure $0^m,20$ de largeur. Nous ajouterons encore un oiseau des mêmes mœurs, le *râle d'eau*.

Fig. 127. — RALE D'EAU.

Passons maintenant aux échassiers de grande taille; nous trouverons d'abord la *grue cendrée*, que l'on peut apprivoiser aisément quand elle est prise jeune, et qui, alors, s'accommode de tout ce qu'on lui donne à manger. En liberté, elle recherche les insectes, les graines et les herbes. Aussi, malgré sa haute taille, sa démarche dégagée, grave et mesurée, malgré ses attitudes majestueuses, rend-elle moins de services que les petits échassiers dont nous avons parlé plus haut.

Fig. 128. — CIGOGNE BLANCHE.

Vient ensuite la *cigogne blanche,* l'amie des clochers et des fermes d'Alsace. Elle vit très-bien dans les parcs et les jardins et s'y apprivoise en très-peu

Fig. 129. — HÉRON CENDRÉ.

de temps. En captivité, elle mange tous les débris d'animaux qu'on lui jette; elle se tient continuellement sur une patte; sa démarche est grave et lente; elle reste en arrêt sur le ver qu'elle devine prêt à sortir de terre et l'enlève d'un coup de bec. Comment est-elle avertie de ce fait? Est-ce vue perçante ou odorat subtil? Lorsqu'on l'approche, elle fait entendre souvent un claquement en frappant les mandibules de son bec l'une contre l'autre et en renversant son cou en arrière.

Nous ne recommanderons point les hérons en général, pas plus le *cendré* que le *bihoreau* et le *butor*. Tous sont d'un naturel colère, farouche, hardi et querelleur; tous se lancent sur les hommes et les animaux qui leur font peur, et, dans ces agressions, leur formidable bec peut faire de sérieuses blessures, d'autant plus que ces stupides animaux visent toujours l'œil de leur ennemi. Il y a donc là un véritable danger pour les enfants et même pour les chiens, qu'ils ne craignent nullement. D'ailleurs le héron est un mangeur de poissons, qu'il guette avec une patience extrême et qu'il sait attraper avec beaucoup d'habileté.

CHAPITRE XIII.

OISEAUX DE GRANDES EAUX.

Les adaptations naturelles du type *rapace diurne* doivent nous faire pressentir que nous trouverons un ou plusieurs moules destinés à vivre de la mer et des eaux douces, tout comme nous avons vu passer sous nos yeux les moules destinés à vivre des animaux de la montagne et de la plaine. C'est ce qui arrive, et quelques-uns de ces oiseaux sont de grands consommateurs de poissons. On a calculé que chacun d'eux en peut manger, parfois, la valeur d'un seau. De plus, quand la pêche est incertaine ou qu'ils ont une famille à nourrir, ils savent parfaitement faire des provisions.

Le plus grand moule correspondant à l'*aigle royal* est le *pygargue ordinaire*, le *grand aigle de mer*. Heureusement il est rare dans nos pays, et ne se montre qu'accidentellement dans le Nord, où il pêche et s'abat au besoin sur les charognes. Le caractère s'avilit avec des armes moins sûres, et le pygargue est inférieur en force au grand aigle. Mais le moule réduit qui vient à sa suite — de même que nous avons vu en sa place l'*aigle botté* — est celui du *balbuzard fluviatile*, qui vit seulement de poissons et d'oiseaux aquatiques.

Ici se remarque une admirable modification chez un animal destiné à vivre de poissons. Les ongles de la serre des rapaces que nous avons passés en revue sont non-seulement aigus et robustes, mais encore cannelés en dessous, tels qu'il les faut pour entrer parmi les poils et déchirer la chair; les doigts sont courts et épais. Qu'eût fait le balbuzard de semblables serres pour retenir la proie écailleuse et glissante dont il doit se nourrir? Il a donc été pourvu de doigts libres, longs, munis en dessous de pelottes rugueuses et garnies de petites épines, puis armé d'ongles longs, grands, contournés en demi-cercle, *arrondis* en dessous de manière à ce que la pointe seule s'accroche entre les écailles de la victime.

De même que nous avons vu l'aire d'action du *petit aigle* augmenter à mesure que diminuait la force du type, de même nous voyons l'aire d'action du *petit aigle de mer* suivre la même proportion. Le balbuzard se trouve presque partout en France, du nord au midi, et y détruit des quantités de poisson prodigieuses.

A mort, sans pitié! Il ne nous réserve aucune compensation à ses méfaits que — peut-être! — quelques couleuvres et grenouilles enlevées, par temps de famine, dans les marais

Les oiseaux de grande eau, les *palmipèdes* ou *oiseaux à pattes palmées*, nous offrent, eux-mêmes, quelques espèces dont les services peuvent être utilisés, et certaines autres dont les dégâts, en quelques endroits, ne sont pas sans importance. Nul être dans la nature, même celui qui semble le mieux spécialisé, n'est donc complétement indifférent au point de vue qui nous occupe. Tout se tient, tout s'enchaîne, et l'oiseau que les membranes de ses doigts semblent attacher à jamais au royaume des eaux, fait lui-même des excursions dans les domaines voisins pour y trouver, soit une nourriture favorite et habituelle, soit un supplément de victuaille dans certaines circonstances données.

Fig. 130. — OIE SAUVAGE.

C'est ainsi que nous voyons les *oies suavages* quitter, sur le soir, les eaux tranquilles sur lesquelles elles aiment à s'ébattre, et venir, par bandes énormes, se répandre dans les champs emblavés, qu'elles pillent et dévalisent à outrance. C'est ainsi que les troupes qui se répandent, en hiver, dans nos départements du nord font de grands dégâts dans les champs de colza.

On dit généralement *bête comme une oie*, et l'on a tort : ces animaux sont, au contraire, fort rusés et très-intelligents ; leur manière de voler seule le prouverait. Quand la bande est peu nombreuse, tous les membres se placent sur une seule ligne oblique ; mais quand il y a un nombre d'individus suffisant, la colonne affecte la forme d'un triangle dont la pointe est tournée contre le vent. L'oie qui est au sommet du triangle fend l'air pour toute la bande, et quand elle est fatiguée, elle se retire au dernier rang, tandis qu'une autre prend sa place. Ces bandes d'oies s'abattent, vers le soir, dans les étangs, où elles passent la nuit en sûreté. Du reste, elles ont toujours soin, soit pendant le sommeil, soit pendant le repos, de placer une sentinelle chargée de veiller sur le salut de tous, soin dont cet oiseau s'acquitte à merveille, au grand désespoir des chasseurs.

L'*oie rieuse*, appelée aussi *oie à front blanc*, se rend coupable des mêmes ravages dans l'Anjou, la Lorraine et jusque dans les Basses-Pyrénées.

La *bernache cravant* se reconnaît à son bec, ses pieds, sa tête et son cou noir avec une tache cendrée sur les côtés du cou. Comme toutes les bernaches, elle est bien plus franchement aquatique que les oies ordinaires et nage des journées entières, ce que ne font point les autres, qui sortent souvent pour paître la pointe des herbes et des récoltes, et, comme nos oies domestiques, arrachent l'herbe partout où elles passent et font le plus grand tort aux

Fig. 111. — BERNACHE CRAVANT.

prairies. Les *bernaches* s'apprivoisent cependant aisément, vivent bien en domesticité et même s'y reproduisent.

Les *cygnes sauvages* se plient facilement à la domesticité, pourvu qu'on ait, dans les premiers temps de leur captivité, le soin de leur amputer l'extrémité d'une aile. Ils deviennent très-doux et se tiennent souvent hors de l'eau, paraissant surtout se nourrir d'herbes. Ils marchent d'ailleurs avec beaucoup plus d'aisance que le cygne domestique, mais se reproduisent difficilement. C'est dommage, car on fait d'excellents pâtés avec la chair du jeune

Fig. 132. — CANARD SAUVAGE.

cygne sauvage, et, question d'ornement à part, c'est le seul usage pour lequel l'homme peut en tirer parti.

Quant aux *canards*, leurs services consistent à nous fournir une chaire succulente dans certaines espèces dès longtemps domestiquées, et auxquelles avec un peu de soin on pourrait en ajouter, encore aujourd'hui, un bon nombre; et dans d'autres, un objet d'ornement pour nos pièces d'eau.

Mauvais marcheur, en général, le type canard quitte peu l'eau qui le porte; il paît rarement et pas longtemps; sa nourriture est animale et consiste en mollusques, insectes et poissons. Cependant,

Fig. 133. — CANARD TADORNE.

comme il aime beaucoup les premiers, il se décide à les chercher, en trébuchant, parmi les légumes de nos jardins et parvient ainsi à rendre quelques services. Toutes les espèces qui vivent à l'état sauvage dans nos pays peuvent être facilement domestiquées, même celles qui, comme le *tadorne*, recherchent plus volontiers les eaux salées et le bord de la mer.

Quelques-uns, tels que le *souchet* par exemple, présentent une chair beaucoup plus savoureuse que celle du *canard sauvage,* type de nos races communes domestiques; et l'on s'étonne, à bon droit, de

Fig. 134. — CANARD EIDER.

ne pas les voir, depuis des siècles, acclimatés dans nos basses-cours.

Qu'il nous soit permis de déplorer, puisque l'occasion s'en présente, que nos éleveurs ne cherchent pas à réduire, sinon en domestication absolue, du moins en demi-domesticité, les *eiders*, ces fameux canards dont le duvet vaut plus que son poids d'or. Les eiders sont des animaux marins, se nourrissant surtout de coquilles bivalves; mais ces conditions ne sont point inconciliables avec une demi-domesticité, et nos riverains de la mer auraient bientôt — surtout si on les y encourageait! — trouvé le moyen d'élever et de conserver de nombreux troupeaux d'édredons sur nos côtes. Il est inutile de faire voir combien la production de l'édredon augmenterait, combien l'emploi de ce précieux duvet se généraliserait et — considération d'un autre ordre — combien il importe toujours à un pays comme la France de se suffire à lui-même et de s'exonérer des tributs qu'il paie aux peuples étrangers. Nous bénéficierions ainsi des quelques millions que nous portons chaque année aux nations du Nord.

N'en pourrait-il être de même des *grèbes*, ces palmipèdes presque sans ailes qui se reproduisent seuls dans plusieurs de nos départements et vivent sur nos marais? Il semble cependant que la fourrure charmante et recherchée que constitue leur peau emplumée serait un appât suffisant pour en tenter la domestication plus ou moins complète. Point! On laisse aller, on laisse agir la nature. Les marais se dessèchent devant les progrès de l'agriculture, les étangs disparaissent pour faire place à des prairies, et le dernier des grèbes s'enfuira vers le Nord avant que nous ayons pensé qu'il y avait mieux à faire que de le laisser s'en aller!

A propos du grèbe, nous ne pouvons omettre de dire quelques mots de son nid. Ce nid, composé de roseaux et de plantes aquatiques, est flottant à la surface des eaux; et ce qu'il y a de remarquable, c'est que si on vient à importuner la femelle pendant qu'elle couve ses œufs ou qu'elle réchauffe ses petits, on la voit plonger une patte dans l'eau et s'en servir comme d'une rame pour transporter sa demeure au loin où bon lui semble. Souvent le nid, entraînant une grande nappe de plantes aquatiques, semble une petite île flottante emportée par le labeur du grèbe, qui s'agite au centre d'un amas de verdure.

Parmi les palmipèdes dont l'homme peut utiliser les services à son profit, nous n'en trouverons aucun qu'il ait pu appliquer en grand à l'agriculture, mais un certain nombre d'entre eux lui rendent des services particuliers, localisés, analogues à ceux qu'il a obtenus des quelques petits échassiers dont nous avons parlé.

Voici le *goëland à manteau noir*, ou *goëland marin*, celui que, dans certains endroits et surtout quand il est jeune, on appelle le *grisard*. Outre sa parure, mi-partie blanche et noire, on le reconnaît aisément à son bec livide, jaune en dessus, rouge à la base, à ses paupières rouges, ses ongles noirs et à la membrane de ses doigts à réseau violet à la surface. Très-commun sur les côtes nord de la France, on le déniche souvent au milieu des rochers, et il vit très-bien en domesticité dans les basses-cours, les jardins et les parcs; il s'y contente de débris de poissons, de chair, de blé, de pain, et sait y ajouter, de lui-même, un supplément de mollusques et de vers qu'il va chercher parmi les légumes.

Fig. 135. — GOELAND A MANTEAU NOIR.

Le *goëland à manteau bleu* ou argenté remplacera, pour les côtes de Bretagne et de l'Ouest, le précédent, car il niche en abondance dans les roches du Finistère et accepte aussi aisément la captivité. Il lui faut seulement beaucoup d'eau, ainsi qu'au *goëland cendré* ou *grande mouette*, qui s'accommode également bien de la vie domestique. Cette mouette est très-commune ; elle a le dos cendré pâle et le reste du corps blanc pur ; le bec est jaune et

Fig. 136. — MOUETTE RIEUSE.

orange au bord, les paupières couleur vermillon, les pieds couleur chair avec un peu de bleu, et l'œil brun foncé.

Ajoutons-y la *mouette rieuse* ou *goëland rieur*, abondante sur toutes les côtes de France, et l'espèce qui, de toutes, paraît s'accommoder le mieux de l'état de domesticité. Dans quelques jardins même, les mouettes vont faire un tour au loin, demeurent quelques jours absentes au milieu de leurs compagnes et reviennent fidèlement à leur jardin. La mouette rieuse est facile à reconnaître à sa tête et à son cou roux; une teinte de rose est répandue sur la poitrine et le ventre, le bec et les pieds sont rouge corail.

Quand la mouette cherche sa proie, elle parcourt d'un vol lent et régulier l'espace de mer qu'elle destine à sa chasse; le plus souvent ce lieu est proche des rochers. Elle remonte alors dans le vent, ouvrant à l'air ses grandes ailes arquées, puis elle se laisse emporter par le vent en revenant sur ses pas; elle se trouve ainsi disposée à faire la culbute par laquelle elle se précipite sur le poisson qu'elle aperçoit proche de la surface.

Les ailes relevées en arrière, elle se laisse tomber; plongeant dans la mer jusqu'à deux minutes, elle saisit les poissons de $0^m,20$ de longueur, et toujours les prend par les yeux, puis elle s'envole, les laissant pendre à son bec, mais quelquefois une dernière convulsion les lui fait lâcher et l'on voit la victime retomber à la mer.

Au lieu de gagner les rochers pour manger sa proie, ainsi que le fait le *cormoran*, qui emporte la sienne sur la pointe ou sur la balise où il élit domicile, la mouette retrousse ses grandes ailes et se pose sur l'eau à l'endroit même où elle vient de faire sa capture, et là, dévore son captif en le secouant dans l'eau.

Puis elle s'envole et reprend sa battue en remontant au vent, revient sur ses pas en arrière et continue sa chasse.

CINQUIÈME PARTIE

OISEAUX DE VIGNES

CINQUIÈME PARTIE.

OISEAUX DE VIGNES.

CHAP. XIV. — MANGEURS DE RAISINS.

Verdier.
Cini.
Linotte.
Farlouse.
Grive commune.
— mauvis.
— litorne.
Fauvette des jardins.
— à tête noire.
Passerinette babillarde.
Grisette.
Corbeau freux.
Moineau.

CHAP. XV. — MANGEURS D'INSECTES.

Farlouse.
Hypolaïs polyglotte.
Râle de genêt.
Perdrix.

CHAPITRE XIV.

MANGEURS DE RAISINS.

Le *verdier* est un mangeur de raisins : les pepins sont par lui recherchés à l'instar de toutes les graines ; et il est aussi déprédateur sur les coteaux que

Fig. 137. — VERDIER.

dans les champs et les jardins (III, 8). Il est aidé dans ses déprédations sur cette plante cultivée par le *cini* ou *serin méridional*, qui, comme lui, se nourrit exclusivement de petites graines et a les mêmes mœurs. Le cini est semblable au serin vert de nos cages.

Fig. 138. — CINI.

N'oublions pas que la *linotte vulgaire* porte aussi, dans Buffon, le nom de *petite et grande linotte des vignes*, selon qu'elle est en costume d'automne ou d'été. Nous en avons parlé au chapitre des *voleurs de graines* (III, 8); nous pouvons l'ajouter à celui des *mangeurs de raisins*.

Voyez aussi la *farlouse* (II, 5).

Presque toutes les grives de petite taille, la *mauvis*, la *litorne* et surtout la *grive commune*, fréquentent les vignes et viennent s'y gorger de raisin. Cette dernière attaque non-seulement le fruit de la vigne, mais encore ceux du figuier, du genévrier et les vergers d'oliviers du midi. En mars, à son premier passage, elle envahit les cerisiers ; mais elle marche par couples ; ce n'est qu'à l'automne qu'on les voit, par petites familles d'une dizaine d'individus, s'abattre sur les coteaux. Elle aime aussi les champs de

Fig. 139. — LINOTTE.

choux près des taillis, elle vient encore dans les treilles des jardins. En somme, elle est d'autant moins farouche qu'elle trouve plus de nourriture et que, devenant plus grasse et plus lourde, elle éprouve plus de difficulté à s'envoler.

« Le suave rossignol des Écossais, dit Raspail,

n'est, sur la route de l'exil, que la grive des vignes.

« Parlez aux chasseurs du centre de la France de la voix mélodieuse de la grive, et dites-leur qu'en Écosse son chant inspire l'imagination des bardes du pays, ils seront tentés de rire de votre crédulité et des

Fig. 140. — GRIVE COMMUNE ou MUSICIENNE.

oreilles des Écossais ; et quand vous ajouterez que Marie-Stuart chantait comme une grive, au dire de ses historiens, ils auront une triste idée du timbre enchanteur de cette reine de beauté, dont la hache seule du bourreau put rompre la magie, même après dix-huit ans de la plus dure captivité. Pour eux, tout le repertoire de la grive des vignes est dans les deux coups de l'appeau.

« Cependant le chasseur a tort : il n'entend à son passage que le cri de rappel ; la grive, ainsi que tous les oiseaux, ne chante que là où elle aime, c'est-à-dire dans le pays natal ; mais là, son chant a un charme particulier et les intonations les plus variées. »

Les figuiers se trouvent en général dans les

Fig. 141. — FAUVETTE DES JARDINS.

vignes ; nous renfermerons donc dans la même division les oiseaux qui dévalisent les uns et les autres. De ce nombre est la *fauvette des jardins* ou *petite fauvette*. A l'automne elle prend beaucoup de graisse quand elle a pillé tous les fruits de nos vergers, et sous le rapport de la délicatesse de sa chair elle peut rivaliser avec l'*ortolan*. A ce moment, les gourmets du midi la nomment *bec-figue*, et ce nom lui convient

Fig. 142. — FAUVETTE A TÊTE NOIRE.

d'autant mieux, dit V. Darracq, qu'elle a un goût décidé pour ce fruit dont elle se nourrit presque exclusivement à cette époque de l'année.

La *fauvette à tête noire* est, comme elle, une commensale des vignes, et lève une dîme sérieuse sur les raisins et autres fruits sucrés des treilles et

Fig. 143. — CORBEAU-FREUX.

des vergers. Il en est de même de la *passerinette babillarde* du midi (I, 2) et de la *grisette* (I, 5).

N'oublions pas de mentionner comme un *mangeur de raisins* et, par suite, un animal nuisible aux vignes, comme il l'est aux champs, le *corbeau freux* (II, 5).

En citant le nom du *moineau* en général, nous rappelons à l'horticulteur et au vigneron un ennemi sans cesse acharné au carnage. Déjà (III, 7) nous avons dit quelques mots des ravages que peuvent faire dans les treilles, et même parmi les vignes en cordons et en échalas, ces effrontés pillards que les coups de fusil n'écartent pas; un de tué, dix qui

Fig. 144. — MOINEAU FRIQUET.

s'envolent et, une demi-heure après, vingt qui reviennent.

Tous les moyens sont bons, en présence de leurs dégâts, pour les faire périr, si l'on ne réussit pas à les éloigner; mais cette dernière condition n'est rien moins que facile à obtenir. Quoique peu farouches, ils sont défiants et rusés. D'abord effrayés, peu à peu ils reviennent et semblent se rendre compte que, tant que cela ne touche point à leur corps même, cela n'a aucune valeur sérieuse. C'est ainsi qu'au bout de huit jours ils viennent faire leur nid dans le chapeau du bonhomme destiné à les éloigner des cerisiers que l'on veut défendre.

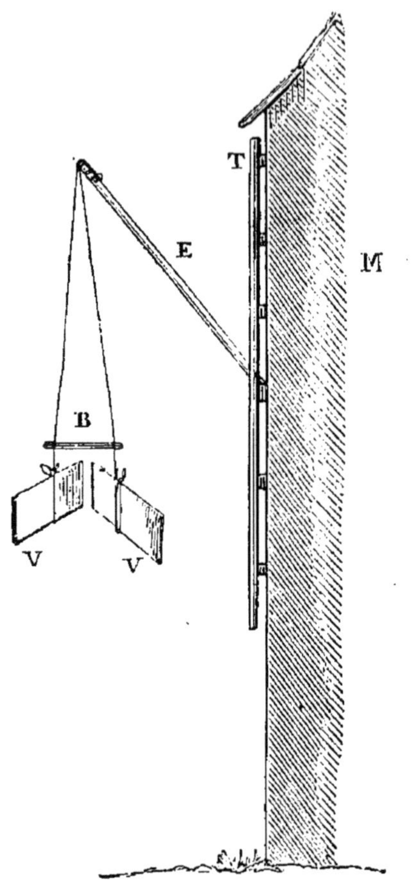

Fig. 145.
ÉPOUVANTAIL A MOINEAUX.

Nous avons indiqué dans un petit ouvrage, intitulé: *Amis et Ennemis de l'Horticulteur*, l'emploi qu'on peut faire contre les moineaux des fils colorés, entortillés autour des arbres. Nombre de moyens existent qui réussissent encore pendant les premiers jours : c'est au vigneron qui veut se défendre à les varier successivement. Cependant, puisque l'occasion s'en présente, nous allons décrire rapidement un moyen simple et peu coûteux que nous avons vu employer et que nous avons — nous-même — mis en usage pour défendre nos treilles et nos espaliers menacés de *fringilles* de toutes les espèces.

V V sont deux morceaux de verre suspendus à deux ficelles séparées par un petit bois B. Le tout peut, par un échalas E au devant du treillage T, être placé sur le mur M. Le soleil fait briller ses éclats sur les verres, le vent les fait tinter l'un contre l'autre et les oiseaux fuient.

CHAPITRE XV.

MANGEURS D'INSECTES.

J'incline à penser, en raison de leurs mœurs, que les *alouettes percheuses*, ou *pipis*, sont plus franchement insectivores que les *alouettes franches* ou *marcheuses*. La *farlouse*, ou *pipi des arbres*, n'habite pas tout l'été les vignes pour autre chose que pour y recueillir les insectes : le raisin n'y est pas mûr. Elle les quitte avant l'automne pour aller s'établir dans les prairies naturelles et artificielles. (Voy. II, 5.) Évidemment ce ne peut être que pour y continuer sa chasse aux insectes ; les prai-

Fig. 146. — FARLOUSE.

ries en question ne contenant ni baies ni fruits attaquables par un pareil oiseau.

L'*hypolaïs lusciniole* ou *polyglotte* est une des fauvettes insectivores grimpantes dont nous avons décrit les mœurs générales (III, 7) et dont une partie habitent les bords de l'eau (IV, 11).

Fig. 147. — HYPOLAIS LUSCINIOLE.

Celle-ci, au contraire, est commune dans toute la France, et surtout dans le midi, où elle établit son nid sur les vignes, les amandiers, les branches basses du chêne blanc. Ce nid, artistement construit en coupe profonde, est composé, au dehors, d'herbes sèches, de toiles d'araignée et de laine; en dedans, du duvet cotonneux de certaines plantes, de coques de chrysalides, d'herbes fines et de quelques crins. Dans le nord, elle niche dans les bois, les taillis, sur les arbustes, les grandes plantes et dans les haies.

Elle est très-querelleuse, acariâtre, farouche et se laisse très-difficilement approcher. Son cri d'inquiétude a, suivant M. Hardy, du rapport avec celui de la mésange. « C'est du fond des buissons, ou sur leurs branches les plus élevées, et quelquefois sur un arbre voisin, dit M. Millet, que le mâle, depuis son arrivée jusqu'à la fin de juin, se plaît à faire entendre son chant, qui ne manque pas d'agrément, et qui peut, il nous a semblé, être énoncé ainsi : *ptiro, ptiroux, ptiro, ptiro, ptiroux ;* ces différentes syllabes longuement répétées et vivement exprimées sur des tons différents, sont précédées de deux ou trois sons flûtés : *treû, treù, treù*, ou bien de ceux-ci : *trùi, trûi; trùi*. Outre ce chant, qui est celui d'allégresse, on lui connaît encore un petit bruissement ou murmure : *bre, re, re, re*, qui, quoique moins prolongé, ressemble beaucoup à celui du moineau, bruissement qu'il ne fait entendre que lorsqu'il est agité de quelque crainte. Bientôt après l'avoir proféré, le mâle monte à l'extrémité du buisson qui le cachait, ou bien sur un petit arbre voisin, afin de mieux reconnaître le danger, et fuit ensuite avec sa femelle. »

Parmi les oiseaux habitant souvent les vignes dans le Midi, nous n'omettrons pas de signaler le *roi des cailles* ou *râle de genêt*. Pourquoi y vient-il? lui, un insectivore? La question est encore pendante. Est-ce pour les insectes que les coteaux renferment abondamment à l'automne? Est-ce pour cueillir

Fig. 148. — RALE DE GENÊT.

quelques grains sucrés du raisin? L'histoire ne le dit pas; mais il y a peut-être un peu de cela!

En somme : utile probablement, indifférent à coup sûr.

Les *perdrix*, et surtout la *rouge*, sont des mangeurs déterminés de raisin, dit-on. Il y aurait certainement à distinguer. Nous ne nions pas absolument que la perdrix, passant à côté d'un grapillon qui pend, n'y mette le bec — tant d'autres, même les hommes, en feraient tout autant! — mais nous sommes persuadé que si ces oiseaux se retirent si volontiers dans les vignes en automne, les raisons qui les y attirent sont d'une autre nature.

Fig. 149. — PERDRIX ROUGE.

A cette époque, la campagne est déjà dépouillée de ses moissons; les prairies artificielles, elles-mêmes, attendent, rasées, les pluies bienfaisantes pour pousser leur dernier regain : les prés naturels sont dans le même cas. Seules, les vignes sont verdoyantes, impénétrables.

Voilà une première raison pour s'y remiser.

Autre motif.

Tant que la feuille dure, la perdrix est sûre de trouver, à son abri, refuge contre les chaleurs et moisson de mouches et d'insectes de toute espèce — hélas! toujours trop nombreux au gré du vigneron! — la feuille est-elle tombée, la vendange est-elle au cellier : la perdrix trouve encore pendant la froide saison qui arrive une petite provence pour se réchauffer, à bonne exposition, aux rayons obliques et affaiblis du soleil. Elle rencontre, de plus, sous la litière des larges feuilles mouillées par les pluies et les rosées, une abondante récolte de vers.

Que lui faut-il de plus pour aimer la vigne?

Avouons qu'elle peut y trouver :

Bon souper, bon gîte... et le reste!

Elle serait bien sotte de n'en point profiter.

Ainsi donc, malgré les graves accusations qui se sont élevées contre elle, la perdrix est, pour nous, plus insectivore que baccivore quand elle se décide à chercher un refuge dans les vignes. Quant à sa vie ordinaire dans les champs, il est bien facile de lui délivrer un juste brevet d'innocuité. (Voy. II, 5.)

FIN.

TABLE ALPHABÉTIQUE

A

B

C

D

E

F

G

O

P

R

S

FIN DE LA TABLE ALPHABÉTIQUE

CHASSE — BOIS — FORÊTS

Les Oiseaux de Chasse ou Notre Gibier à plumes. Description, mœurs, acclimatation et chasse, par le MARQUIS DE CHERVILLE. Un très beau volume petit in-4°, imprimé sur papier teinté en deux couleurs, orné de 30 planches en chromo et d'illustrations par DE LIPHART. Deuxième édition. Prix, relié toile avec fers spéciaux et ornements sur les plats, tirés en trois couleurs, avec biseaux, tranches en couleur.................. 15 FR.

Nouveau Carnet de Chasse illustré et augmenté du Manuel du jeune Chasseur au chien d'arrêt. — Méthode sûre et prompte pour faire rapporter un chien d'arrêt à terre et à eau, manière de le conduire, moyen de devenir bon tireur, conseils à un jeune chasseur, par M. CHATIN. — 3e édition, ornée de 37 vignettes, relié.......................... 1 FR.

Les Animaux des Forêts Mammifères et oiseaux. — Zoologie pratique au point de vue de la chasse et de la sylviculture. — Histoire naturelle, chasse à courre, chasse à tir, entretien, conservation, reproduction. — 2e édition par R. CABARRUS, *sous-inspecteur des Forêts*. — Un volume avec 84 gravures, relié.......................... 2 FR. 50

Guide du Chasseur devant la Loi Recueil des lois, ordonnances et circulaires ministérielles avec les dispositifs, par ordre alphabétique, de toutes les décisions rendues en matière de chasse, depuis le 3 mai 1815 jusqu'à ce jour, par F. TECHENEY. — Un volume in-18, relié. 2 FR. 50

Les Ravageurs des Forêts et des Arbres d'alignement. — Histoire naturelle, mœurs, dégâts des insectes, moyens de les combattre et de restaurer les plantations, par H. DE LA BLANCHÈRE et par EUG. ROBERT, *Inspecteur des plantations de Paris*. — 5e édition. Un volume avec 162 gravures. Prix, relié.......................... 3 FR. 50

Code de la Législation forestière. Recueil des lois, décrets, ordonnances, Avis du Conseil d'Etat et règlements en matière de forêts, chasse, louveterie, dunes et reboisement, par A. PUTON, *Directeur de l'Ecole forestière*. Un volume relié.......................... 3 FR. 50

La Sylviculture Résumé complet des règles de la culture des forêts. Par A. BOUQUET DE LA GRYE, *Conservateur des Forêts*, 6e édition. Un volume avec 70 gravures. 2 FR. 50

L'Aménagement des Forêts Etudes pratiques, par L. TASSY, *Conservateur des Forêts*. — 2e édition. Un volume grand in-8°.............. 6 FR.

L'Aménagement des Forêts Traité pratique de la conduite des exploitations de forêts en taillis et en futaie, par ALFRED PUTON. — 3e édition, illustrée de gravures, relié.......................... 2 FR. 50

HORTICULTURE — BOTANIQUE

Les Orchidées Botanique, classification, géographie, collections, culture, maladies, emploi, description, avec une revue détaillée de toutes les espèces cultivées en Europe, par E. de PUYDT. Un volume avec 242 vignettes et 50 chromos, **30** fr.; relié. Prix . . . . 35 FR.

L'Olivier Histoire, botanique, physiologie, culture, produits, usage, commerce, distribution géographique et bibliographie de l'Olivier, par le professeur A. COUTANCE. — Un volume in-8 avec 120 gravures. . . . . 15 FR

Les Champignons Histoire, description, emploi, culture, usage par S.-F. CORDIER. 4e édition avec vignettes et 60 chromolithographies, Prix : **30** fr.; relié. . . . 35 FR.

Arboretum et Fleuriste de la ville de Paris. — Description, culture et usage des arbres, arbrisseaux, et des plantes herbacées et frutescentes de plein air et de serre employées dans l'ornementation des villes, parcs et jardins, par A. ALPHAND, *Directeur des Travaux de Paris*. Un volume in-folio. 50 FR.

Les Ravageurs des Vergers et des vignes. — Histoire naturelle, mœurs, dégâts, moyens de les combattre avec une Etude sur le Phylloxéra, par H. de la BLANCHERE. Un volume in-18, orné de 160 vig. 3 FR. 50

Les Maladies des Plantes cultivées des arbres fruitiers et forestiers, occasionnées par le sol, l'atmosphère, les parasites, etc. D'après Tulasne, Bary, Berkeley, Hartig, Sorauer, etc, par M. A. d'ARBOIS DE JUBAINVILLE, *Sous-Inspecteur des forêts*, et J. VESQUE, *Préparateur au Muséum et à l'Instiut agricole*. Un volume avec 48 vignettes et 7 planches en couleurs . . . . 4 FR.

Les Oiseaux utiles et nuisibles aux champs, jardins, forêts plantations, vignes, par H. de la BLANCHÈRE. — 3e édition revue et augmentée. Un volume avec 150 vignettes, relié toile, tranches rouges . . . . . 4 FR.

La Culture maraîchère Traité pratique, par A. DUMAS, *professeur d'horticulture*. Quatrième édition. Un volume orné de 186 gravures. . . . . . 3 FR. 50

La Vigne dans le Bordelais Commerce, culture, histoire naturelle, etc., par AUG. PETIT-LAFITTE, *professeur d'arboriculture du dé artement de la Gironde*. — Un fort volume in 8°, illustré de 75 gravures . . 12 fr.

Traité de Botanique élémentaire par J.-L. SOUBEYRAN (*Professeur à l'Ecole de Pharmacie*). Un volume avec 914 gravures. Relié.. . . . . 4 FR

www.ingramcontent.com/pod-product-compliance
Ingram Content Group UK Ltd.
Pitfield, Milton Keynes, MK11 3LW, UK
UKHW022326190726
13856UKWH00001B/237

9 782013 588140